编　委　会

主　编：汤　珂

编写组（按姓氏笔画排序）：

王锦霄　邓曼瑶　李金璞　杨　铿　何　敏

张丰羽　高瑞泽

DATA

数据资产化

ASSETS

汤 珂◎主编

人民出版社

目　录

前　言

　　数据是第四次工业革命的核心和基石之一。与前三次工业革命相比，第四次工业革命将数据和信息作为生产力的重要组成部分，并通过人工智能、大数据、云计算、物联网等新兴技术，实现了数据的高效获取、处理、存储和利用。2018 年，全球数据产量为 33 泽字节，预计 2025 年将达到 175 泽字节，基于数据驱动而形成的决策市场规模也在突飞猛涨，预计到 2025 年相关市场价值将达到 2.5 万亿美元的规模水平（Bughin et al.，2016；Reinsel et al.，2018）。2022 年 12 月，我国发布了《中共中央　国务院关于构建数据基础制度更好发挥数据要素作用的意见》（简称"数据二十条"），明确提出促进数据高效流通使用、赋能实体经济。

　　对于很多企业而言，数据不再只是一个记录、管理和交换信息的工具，更是一种战略性的资源，可以用来支持决策、推动创新、提升竞争力等，同时也可以加工成数据产品和服务进行出售。数据已经成为企业最重要的资产之一。将数据转化为可被企业直接使用的有价值的资产，即"数据资产化"，已经成为很多企业数字化转型的目标。数据资产将会是企业的重要财富，可以提高企业的估值和投资吸引力，为企业发展提供更大的支持和动力。

　　数据资产从广义上讲是指任何可以给个人或组织带来经济利益的、以数据形式存在的资源。而本书所提及的数据资产是狭义的、针对企业的数据资产。我国的《企业会计准则——基本准则》（2014）将资产定义为：资产是指企业过去的交易或者事项形成的、由企业拥有或者控制的、预期会给企业带来经济利益的资源。因而数据资源可否形成数据资产需要三个要件：数据的来源要清晰，企业对数据具有控制权，数据相关的经济利益会流入企业。

在数据资源形成数据资产的过程中，数据资产价值评估意义重大。这项工作可以帮助企业更好地了解自己拥有的数据资源的实际价值和潜在贡献，优化企业的财务状况，为数据资产的交易提供基础，改进数据管理和治理，等等。2022年，财政部下发《企业数据资源相关会计处理暂行规定（征求意见稿）》，提出把企业数据资源进行相关会计处理，强化相关会计信息披露。数据入表可以降低企业成本，增加企业盈利和政府税收，明确数据在企业运营和商业决策中的价值和作用，从而引导企业更加积极地收集数据并注重数据资产的管理。

通过数据资产化，企业可以更好地利用数据资源（如进行数据质押）、降低成本、增加盈利、探索新商业模式（如数据信托）等，从而实现商业上的成功和可持续发展。同时，数据资产化可以推动企业的数字化转型，促使企业构建稳定可靠的数据基础设施，努力多收集、使用和共享数据。

然而，由于数据具有可复制、非竞争性和非排他性等不同于其他商品的属性，要想实现数据资产化并不是一件容易的事情。不仅需要企业家理解数据的资产权属确认、数据资产的会计核算、数据相关法律、企业文化和组织管理等方方面面的知识；同时，还需要企业自身具备一定的数据治理能力、数据分析能力和数据安全保障能力。在学术研究上，数据资产化是一个全新的领域，目前还没有一本对其进行系统阐述的书籍。在实践中，数据资产化需要企业管理者的不断投入和持续优化。

在这一背景下，《数据资产化》这本书应运而生。本书共分 7 章，旨在为数字化转型的决策者、数据管理人员、IT 工程师以及关心数据资产化的读者提供参考和指导，帮助他们更好地理解数据资产化的概念和实践，提高数据资产的管理和利用水平，推动企业数字化转型的进步和升级。

本书由我策划和确定各个章节的内容框架并进行最终的统稿和修改。各章节按照数据资产化的流程编排。具体来讲，邓曼瑶完成数据资产化的意义（第一章），李金璞完成数据资产的确认（第二章）和数据资产价值评估（第五章），王锦霄完成数据资产登记（第三章），高瑞泽完成数据资产质量评估（第四章），何敏完成数据资产入表（第六章），张丰羽完成数据市场的形成及价格发现（第七章）。杨铿审阅了全文。

特别感谢清华中国电子数据治理工程研究院、国家自然科学基金重大项目（数据要素的界权、交易和定价机制设计，72192802）和国家自然科学基金应急项目（数据要素市场参与者的培育机制及其政策研究，72241428）对本书的支持。

数据作为数字经济的血液、知识经济的基石，已然成为"21 世纪的石油"。数据资产化也必将为实体经济注入新的动力和活力，引领数字经济商业模式变革，提高企业的效率和竞争力，大力推动实体经济发展。期待本书能够帮助读者深入了解数据资产化这样一个全新且充满机遇的领域，并为读者提供实用的指导和参考。

汤　珂

2023 年 5 月 5 日于清华园

第一章　数据资产化的意义

数据资产化是数据进入市场流通，全面释放数据要素价值的重要前提。在数据价值链中，原始数据在经历初步加工或清洗之后成为数据资源，数据资源经过资产化形成数据资产，数据资产再经过加工形成数据产品，最终进入数据市场，从而进行流通交易，全面释放数据要素的价值。在这一数据价值链中，数据资产化是承前启后的一个关键环节，为畅通数据资源大循环、连通数据价值链提供了有利保障。目前在国家标准层面、规章政策方面以及学术研究领域，数据资产等相关概念范畴得到了明确，本章综述了数据、资产、数据资产以及相关概念的定义，以求对数据资产化进行更全面的阐述。在我国数字经济高速发展的背景下，世界各国也在数据资产化领域作出了众多举措，数据资产化的国际实践同样值得我们关注。基于此，本章将着重介绍数据资产化的战略地位、数据资产的定义及数据资产化的国际实践等内容。

第一节　数据资产化的战略地位

一、融入数字中国建设大局

在建设数字中国的整体战略规划中，数据资产化具有重要意义。

数据资产化

国务院印发的《"十四五"数字经济发展规划》指出，"数字经济是继农业经济、工业经济之后的主要经济形态，是以数据资源为关键要素，以现代信息网络为主要载体，以信息通信技术融合应用、全要素数字化转型为重要推动力，促进公平与效率更加统一的新经济形态"。在数字经济这一新的经济形态中，数据资源及全要素数字化有重要地位，而数据资产化是发挥数据资源作用的重要基础。中共中央、国务院印发的《数字中国建设整体布局规划》明确表示，"建设数字中国是数字时代推进中国式现代化的重要引擎，是构筑国家竞争新优势的有力支撑。加快数字中国建设，对全面建设社会主义现代化国家、全面推进中华民族伟大复兴具有重要意义和深远影响"。在发展数字经济，建设数字中国的进程中，数据资产化是不可或缺的环节。对数据进行资产化是融入数字中国建设大局的重要实践。

2022年12月，中共中央、国务院印发《关于构建数据基础制度更好发挥数据要素作用的意见》，多次提到和数据资产化相关的具体举措，如"要通过数据商，为数据交易双方提供数据产品开发、发布、承销和数据资产的合规化、标准化、增值化服务，促进提高数据交易效率""要有序培育数据集成、数据经纪、合规认证、安全审计、数据公证、数据保险、数据托管、资产评估等第三方专业服务机构，提升数据流通和交易全流程服务能力""要坚持'两个毫不动摇'，按照'谁投入、谁贡献、谁受益'原则，着重保护数据要素各参与方的投入产出收益，依法依规维护数据资源资产权益，探索个人、企业、公共数据分享价值收益的方式，建立健全更加合理的市场评价机制，促进劳动者贡献和劳动报酬相匹配""要积极探索数据资产入表新模式"。① 这些举措分别从数据资产合规、数据资产评估、维护数据资源资产权益和数据资产入表等方面进行表述，为数据资产化助力数据流通共享指明方向。

数据资产化是数字经济发展的有利途径。2023 年 3 月，中共中央、国务院印发了《党和国家机构改革方案》，方案中指出要组建国家数据局。在国家发展和改革委员会的管理下，国家数据局的职责将包括"协调推进数据基础制度建设，统筹数据资源整合共享和开发利用，统筹推进数字中国、数字经济、数字社会规划和建设"等。其中也包括"研究拟订数字中国建设方案、协调推动公共服务和社会治理信息化、协调促进智慧城市建设、协调国家重要信息资源开发利用与共享、推动信息资源跨行业跨部门互联互通、统筹推进数字经济发展、组织实施国家大数据战略、推进数据要素基础制度建设、推进数字基础设施布局建设"等。② 该方案从国家机构设置方面入手，提出组建国家数据局来落实数字经济、数字中国的战略蓝图，显示出国家对发展数字经济的高度重视。该方案同时优化了数据相关管理部门的职能配置，完善了国家体制机制，为数据相关的宏观政策制定、数据资源开发利用和数据资产化提供了制度保障。

数据资产化为畅通数据资源大循环提供有力保障。《数字中国建设整体布局规划》明确指出，数字中国建设要按照"两大基础""五位一体""两大能力""两个环境"的整体框架进行布局，其中"两大

---

① 《中共中央　国务院关于构建数据基础制度更好发挥数据要素作用的意见》，2022年 12 月 19 日，见 http://www.gov.cn/zhengce/2022-12/19/content_5732695.htm。

② 《中共中央　国务院印发〈党和国家机构改革方案〉》，2023 年 3 月 16 日，见 http://www.gov.cn/gongbao/content/2023/content_5748649.htm。

基础"即夯实数字基础设施和数据资源体系。①"夯实数字中国建设基础"需要"打通数字基础设施大动脉"并"畅通数据资源大循环"，实现以上这些，大力推动数据资产化是重要前提。由此可见，数据资产化在推动我国数字经济建设背景下意义重大。

二、助力数据价值持续释放

数据资产化的战略意义显现在助力数据价值持续释放之中。基于数据生命周期视角，数据的价值释放需要经过从原始数据、数据资源到数据资产然后加工成数据产品并进入市场流通的过程，这一过程我们称之为数据价值链（见图1-1），而数据资产化是数据价值链上的关键一环。

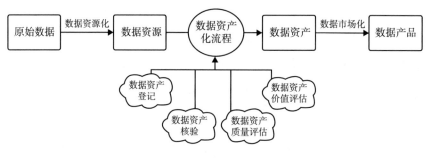

图1-1　数据价值链

数据本身源于个人、企业、政府行政机构在日常生活、经营活动、行政工作中日积月累所形成的电子化记录。所有这些以电子化形式存在的记录，称为原始数据。原始数据积累到一定规模之后，需要经过必要的加工、清洗处理、被独立部署存储且具有潜在使用

①《中共中央　国务院印发〈数字中国建设整体布局规划〉》，2023年2月27日，见 http://www.gov.cn/zhengce/2023-02/27/content_5743484.htm。

价值，才能形成数据资源。全国信标委大数据标准工作组在《数据要素流通标准化白皮书（2022 版）》中对数据要素的定义如下："数据要素是指参与到社会生产经营活动、为使用者或所有者带来经济效益、以电子方式记录的数据资源。"数据要素需要参与到企业生产中，即形成数据产品或服务后在数据市场中流通，进而被企业所使用。

数据除了使用价值，还有资产价值。《数字中国建设整体布局规划》指出，"要释放商业数据价值潜能，加快建立数据产权制度，开展数据资产计价研究，建立数据要素按价值贡献参与分配机制"，并提出目标，"到 2025 年，数字基础设施高效联通，数据资源规模和质量加快提升，数据要素价值有效释放，数字经济发展质量效益大幅增强"。该规划从商业数据价值释放角度，提出了一系列可能的实现途径，同时对释放数据要素价值来助力数字经济发展提出了明确要求。

从上述文件规划和前文对数据价值链的讨论中可以看出，为了实现数据价值的有效释放，大力推进数字经济高效发展，数据资产化至关重要。数据进入市场流通的必要前提是数据资产化。一方面，数据资产化既是企业实现数字化转型的基础条件，也是助力企业获得竞争优势、进一步改进企业数据收集质量及改善企业决策制定机制的重要途径。当前数据的有效供给不足，数据资产化为企业提供了一种新型资产，鼓励企业收集和整理数据，激励企业提高数据的供给能力。另一方面，数据资产化将推动个人数据、企业数据、公共数据等其他数据资源的集成整合与开发利用，充分释放数据价值潜能，推动数据赋能数字经济发展，进一步加强各地区数字政府建设，为实现数字中国建设、推进中国式现代化提供了重要引擎。

第二节　数据资产的定义

一、数据与资产

早在 1982 年，数据就被视作一种促进生产与交换的重要经济资源（Cleveland，1982）。Tuomi（2000）从数据、信息和知识三者关系的角度出发，认为数据可以是简单"孤立事实"的集合，人们从中提炼信息，进而总结出知识；也可从另一个角度出发，认为数据是从已知的知识出发提炼出"结构化"、有相互关系的事实集合。从呈现方式的视角出发，Farboodi 和 Veldkamp（2021）认为"数据是一切以 0—1 编码序列展示的信息"。Jones 和 Tonetti（2020）则将数据定义为："除'知识'与'主意'外的信息"。梅夏英（2016）认为"数据的外延小于信息，是信息在数字时代的特殊表达形式"。申卫星（2020）也提到了数据和信息的关系，指出"数据是一类特殊的符号，起到载体的作用，而信息是符号所映射出的内容"。本书将沿用如下对于数据的定义：基于二进制、以比特为最小单位，具有相对固定形式的信息（罗玫等，2023）。这一定义从数据的技术属性即信息的储存介质和数据的信息属性即数据的可用内容两方面界定了数据的概念，将"数据"与"信息"概念相融合，避免了只强调数据的技术属性而忽视其价值内涵或仅讨论数据的信息属性而过度延展"数据"概念外延的问题。

按数据持有主体的不同，可将数据划分为"个人数据"、"企业数据"和"公共数据"三大类，个人数据需要企业进行聚合形成大数据从而创造价值，政府没有直接经营公共数据的能力，一般由企业获得授权来运营公共数据（罗玫等，2023）。由此，本书主要针对企业数据进行探讨。

关于资产的定义，美国会计学会在1957年发布的《公司财务报表所依恃的会计和报表准则》中明确指出，"资产是一个特定会计主体从事经营所需的经济资源，是可以用于或有益于未来经营的服务潜能总量"。同时，它也明确了资产与特定会计主体之间的关系，即"特定会计主体能够借助资产从事未来经营"。[①] 国际会计准则理事会（IASB）在《财务报告概念框架》中将"资产"定义为："由过去事件积累而形成的、企业实际控制的现有经济资源"，"这些经济资源是在未来可能产生经济效益的权利"。[②]2014年，我国财政部修正的《企业会计准则——基本准则》对资产作出定义："资产是指企业过去的交易或者事项形成的、由企业拥有或者控制的、预期会给企业带来经济利益的资源。"[③] 由国家统计局印发的《中国国民经济核算体系（2016）》中指出："资产是根据所有权原则界定的经济资产，即资产必须为某个或某些经济单位所拥有，其所有者因持有或使用它们而获得经济利益。"[④]《企业会计准则第6号——无形资产》（2006）对无形资产给出了明确定义："企业拥有或者控制的没有实物形态的可辨认

[①] *Accounting and Reporting Standards for Corporate Financial Statements 1957 Revision*，https://www.jstor.org/stable/240919.

[②] International Accounting Standards Board, *Conceptual Framework for Financial Reporting*, 2018, https://www.ifrs.org/content/dam/ifrs/publications/pdf-standards/english/2021/issued/part-a/conceptual-framework-for-financial-reporting.pdf.

[③] 《财政部关于修改〈企业会计准则——基本准则〉的决定》，2014年7月23日，见 http://www.gov.cn/gongbao/content/2014/content_2775514.htm。

[④] 《关于印发〈中国国民经济核算体系（2016）〉的通知》，2017年8月23日，见 http://www.stats.gov.cn/xw/tjxw/tzgg/202302/t20230202_1893895.html。

非货币性资产。"①

　　基于此，可将资产的定义归纳为资产来源、法律属性、经济属性三个方面的特征。从资产来源角度来看，资产由过去的交易或事项形成，构成对企业历史信息的反映；从法律属性来看，企业需要拥有某项资产的所有权或者控制权，使得资产产生的经济利益能够可靠流入；从经济属性来看，资产不论是有形的还是无形的，都必须能够在未来为企业提供经济利益。当然，作为可在市场上流通的资源，资产的成本或价值应该能够可靠计量。②

二、数据资源与数据资产

　　按照数据产生和流通的时间和流程，数据市场可以分为两级市场，一级市场为数据资源或数据资产市场，二级市场为数据的产品和服务市场。对于"数据资源"的概念，亚马逊前首席科学家 Weigend（2012）将数据与自然资源中的原油进行类比："数据类似原油，但原油需要加以提炼后才能使用，而从事海量数据处理的公司就是炼油厂"，体现出数据的资源属性。朱扬勇和熊赟（2018）提出，"数据资源是重要的现代战略资源，其重要程度将逐渐显现，在 21 世纪可能超过石油、煤炭、矿产，成为最重要的人类资源之一"。我们认为，数据资源是指企业可接触到的形成一定规模的数据。在这个概念中，不强调数据的权属和价值，相比"数据"的概念而言，仅增加了"企

---

① 《企业会计准则第 6 号——无形资产》，2006 年 3 月 1 日，见 http://www.mof.gov.cn/zhengwuxinxi/zhengcefabu/2006zcfb/200805/t20080519_23149.htm。

② 瞭望智库、中国光大银行：《商业银行数据资产估值白皮书》，2021 年 8 月 8 日，见 https://mp.weixin.qq.com/s/bsgn5nRNuiTT8ilT72PfXA。

业可接触"和"形成一定规模"两个限制条件。但数据资源通常质量不高、产权未必清晰、价值模糊不可估计。

　　数据资源是形成数据资产的来源和基础。在数字经济快速发展的环境下，数据资源的资产化正成为新的趋势。将数据视为企业资产的观念最早由 Stephenson（1987）提出，他从公司战略角度出发，论述了数据作为企业资产对于科学管理的重要意义，并对数据与资产概念的相容性进行了探讨。Glazer（1991）承认了数据作为资产的合法性，并提出数据资产化和公司与外部世界边界的模糊化是互联网崛起与经济全球化背景下市场发展的两大趋势。Fisher（2009）在《数据资产》一书中提到"数据是一种资产，企业要把数据作为企业资产来对待"。Spiekermann 等（2015）进一步指出数据正逐渐成为一类可交易的资产。2017 年，国际数据管理协会（DAMA）发布的《DAMA 数据管理知识体系指南》中也提到"在信息时代，数据被认为是一项重要的企业资产"①。朱扬勇和叶雅珍（2018）从数据的属性角度，将数据资产定义为"拥有勘探、使用、所有等数据权属、有价值、可计量、可读取的网络空间中的数据集"。2019 年 6 月发布的《电子商务数据资产评价指标体系》（GB/T 37550—2019）将数据资产定义为"以数据为载体和表现形式，能够持续发挥作用并且带来经济利益的数字化资源"，并明确指出，"数据资产能够为组织带来潜在价值或实际价值"，"数据资产能够估值、交易，并以货币计量"，"数据资产包含结构化数据、非结构化数据和半结构化数据"。2019 年 12 月，中国资产评估协会制定的《资产评估专家指引第 9 号——数据资产评估》将数据资产定义为"由特定主体合法拥有或者控制，能持续发挥作用并且能

---

　　① DAMA-DMBOK，*Data Management Body of Knowledge: 2nd Edition*（*Second edition*），Technics Publications，2017.

带来直接或者间接经济利益的数据资源"①。2023 年 1 月，大数据技术标准推进委员会发布的《数据资产管理实践白皮书（6.0 版）》将数据资产的定义进行了扩充，即："由组织（政府机构、企事业单位等）合法拥有或控制的数据，以电子或其他方式记录，例如文本、图像、语音、视频、网页、数据库、传感信号等结构化或非结构化数据，可进行计量或交易，能直接或间接带来经济效益和社会效益。"②

结合我国的会计准则和上述文件中的定义，我们认为数据资源满足如下三个要件可以确定为数据资产：（1）数据来源清晰。（2）企业有控制权。（3）能带来直接或者间接经济利益。简而言之就是满足来源、权属和收益性三个要件的数据资源可以确定为数据资产。各个组织在日常运营过程中会产生各种形形色色的数据，但并非所有的数据都能被称为数据资产，将数据转化成为资产的过程就是数据的资产化。《数据资产管理实践白皮书（6.0 版）》提到"通过将数据资源转变为数据资产，使数据资源的潜在价值得以充分释放"。

三、数字资产、数字产品与数据产品

随着现代社会科技的发展，数字产品如音乐、影像等不断涌现，"数字资产"的概念应运而生。Meyer（1996）在《维护数字资产的技巧》这篇文章中最早提及"数字资产"的概念。Niekerk（2006）给数字资产下的定义是："被格式化为二进制源代码并拥有使用权的

---

① 中国资产评估协会：《资产评估专家指引第 9 号——数据资产评估》，2020 年 1 月 9 日，见 http://www.cas.org.cn/docs/2020-01/20200109165641186518.pdf。
② 大数据技术标准推进委员会：《数据资产管理实践白皮书（6.0 版）》，2023 年 1 月 4 日，见 https://mp.weixin.qq.com/s/N9hjG7Ht3Ko4zs85NtLO6Q。

文本或媒质等任何事物项。"Toygar 等（2013）指出，数字资产是"以二进制形式存储在电脑、网络云端等处的任意类型数据的所有权"。2013 年，有专家学者在英特尔信息技术峰会（Intel Developer Forum, IDF）上，将银行、信用、地理信息在内的 30 个领域，归为新型数字资产类别。2015 年《福布斯》杂志刊登文章认为，比特币等虚拟货币将带动社会进入数字资产时代。①Genders 和 Steen（2017）在文章中指出，"数字资产包括任何可以线上访问和持有的数字形式的资产"。

Pei（2020）以产品直观呈现的不同方式为出发点，详细说明了数字产品和数据产品的区别。他对数字产品的定义为："可以通过电子设备来消费的无形产品，例如电子书、可下载的音乐、在线广告和线上优惠券。许多数字产品以某种方式具有其物理对应物，但这一点并非是绝对的。而数据产品是指从数据集衍生出的产品和信息服务。"2020 年律商视点的一篇采访文章中提到，数据产品是指"由网络、传感器和智能设备等记录的关于特定对象（可以是任意物体、人和其他对象）的行为轨迹和关联信息"，该信息"可联结、可整合和可关联某特定对象，具有较强的分析价值"。②

本书认为，数据产品是指数据资产在经过进一步加工、组合、开发后形成的可对外销售并可联结可整合可修改的产品。数据产品可用于流通和交易，通过数次地流转与共享充分释放了数据要素的经济价值。从上述定义可以看出数字产品与数据产品在属性上有本质的差别。其一，数字产品作为标准化的商品，易定义计价单元，而数据产

---

① Laura Shin, "Should You Invest in Bitcoin?10 Arguments against as of December 2015", https://forbes.com/sites/laurashin/2015/12/28/should-you-invest-in-bitcoin-10-arguments-against-as-of-december-2015.

② 律商联讯：《数据开放与数据权属之问》，2020 年 7 月 3 日，见 http://www.cbdio.com/BigData/2020-07/03/content_6157941.htm。

品是非标准品，价格的可比性较弱。其二，数据产品的可审计性远低于数字产品。数字产品完成开发后可辨识度高，内容直接面向消费者，几乎不存在仿造的可能。但数据产品具有高的可整合性、自生性等特点，企业通过微调数据集内容形成新产品进行转售等行为较难识别。其三，数字产品的使用途径单一，是典型的消费品，由企业掌握定价权，由市场评价价格公允性；而数据产品的使用方式多样，需要结合算法与人力资本共同生产，难以由市场形成价值共识。

四、数据资产化的流程

把数据从资源转化成资产的流程主要包括：数据资产登记（包括核验）、数据质量评估、数据价值评估等。数据资产登记活动由登记机构受理，旨在通过登记将企业持有的数据资产在全社会范围内予以声明、公示和存证。登记过程需要在特定的登记平台上，在登记制度的指引下由数据供给方完成。要将数据资源转化成数据资产，对数据资产进行核验是必不可少的一步。数据资产核验是指对数据资产中数据来源的合法性、数据的真实性以及数据有无重复登记进行检查。数据资产核验可以采取大数据相关技术和人工查验相结合的方法，同时为了保证核验的客观与公正可以采用第三方核验服务机构来对数据资产进行核验。数据资产核验是保证数据资产真实性及合法性的必要步骤。数据资产质量评估是指考察数据在特定条件下使用时，其特性是否满足数据的应用要求。数据资产的质量是影响数据资产价值的重要因素之一。数据资产质量评估的目的是通过一定的评估方法和标准对数据质量进行考察，基于评价结果，发现数据资产存在的潜在质量缺陷，为数据资产的质量达标及价值提升提供参考。数据资产价值评估是指通过一定的评估方案和技术对数据的价值进行测算的过程。数据资产的评估方法主要包括在无形资产评估实践中常用的成本法、收益法和市场法以及基于这三种方法的衍生方法。数据资产的价值属性高度依赖于具体的应用场景，根据不同的场景设定，数据资产价值评估的目的主要包括交易转移、授权许可、会计要求、侵权损失、并购估价和法律要求等。在将数据资源转化为数据资产之后，还需经过数据市场化流程将数据资产转化成为可流通可交易的数据产品。数据产品是指数据资产在经过进一步加工、组合、开发后形成的可对外销售的产品（或服务）。数据产品可用于流通和交易，通过数次地流转与共享充分释放了数据要素的经济价值。从原始数据到数据产品的整个过程构成了数据价值链，而数据资产化在这一过程中起到了至关重要的承前启后作用。

第三节　数据资产化的国际实践

为充分发挥数据在世界经济发展中的推动作用，多个国际组织如世界经济论坛（WEF）、经济合作与发展组织（OECD）、亚太经合组织（APEC）、世界贸易组织（WTO）、二十国集团（G20）等均在数据资产、网络安全、个人信息保护、大数据发展等领域发布报告并推进相关规则制定。全球多个国家和地区针对数字资产制定了相关的标准、政策法规，并在此基础上积累了众多实践经验。本节将会对北美洲、欧洲、大洋洲及亚洲部分国家关于数据资产的理论及实践进行简短总结。

一、北美洲地区

美国在数据资产相关政策法规、标准制定，以及数据资产实践方面起步较早。1966 年制定的《信息自由法》（The Freedom of Information Act，FOIA）奠定了政府数据对民众开放使用的法律基础。随着经济发展中大数据相关的实践越来越多，美国联邦和地方政府相应地推动了数据资产相关法规政策的制定。2009 年制定的《透明与开放政府备忘录》以及《开放政府指令》均要求政府制订详细明确的政府开放计划，以便公众能够更加便利地利用公共数据资产。2014 年发布的《开放数据政策——将数据作为资产管理备忘录》详尽地给出了开放政府的框架和计划，明确指出数据作为一类新资源的潜在创新价值。上述政策法规是美国开放政府计划的有力保障，该计划将政府可供民众利用的公共数据作为资产来管理。可以说，美国的开放政府计划是美国数据资产化实践的先行者。2014 年，美国联邦政府公布了《大数据：把握机遇，守护价值》白皮书，指出大数据为美国经济、教育、国家信息安全等领域提供了新的发展机遇。而 2019 年制定的《联邦数据战略与 2020 年行动计划》，则更详尽地给出了数据管理实践及行动方案的相关规定。可以说，从开放政府数据到国家战略层面上对数据资产的管理及实践，美国均有相应的政策法规进行全面引领和保障。

美国不仅仅在数据资产方面制定了比较完善的相关政策法规，在具体的实践上也取得了丰富成果，例如美国政府的政府数据开放门户。在实际操作过程中，也发展出了数据管理成熟度评估以及数据资产评分系统。在数据管理成熟度评估方面，2008 年高德纳咨询公司（Gartner）开发出数据管理能力成熟度模型；紧随其后，国际商业机器公司（IBM）在 2010 年也开发出相应模型；2014 年，卡内基·梅隆大学正式提出自己的数据管理能力成熟度模型 DMM（Data Management Maturity）；2015 年，美国企业数据管理协会（EDM Council）提出数据管理能力评估模型 DCAM（Data Management Capability Assessment Model）。以 DMM 为例，美国企业可通过它来评估其当前数据管理能力的具体状态，并根据这个评估，来制定一个详细的、有针对性的数据管理提升实施路线，进而提高企业数据管理能力。

在数据资产评分方面，由 Chrysalis Partners 公司开发的数据资产评分系统（Data Monetization Scorecard），能够通过分析数据属性，让人们了解如何充分利用数据并从中获利。为了给数据所有者提供客观且全面的评估，该系统考虑了数据价值的 100 多个独立属性。通过该系统的评估，数据所有者可以对其拥有的数据资产的真实价值和潜在创收能力有深入的了解。数据资产评分系统的评估指标分为数据价值和数据利用两大类。通过评估数据价值，用户可以预估其拥有数据的实际价值。利用数据类型及其属性特征两个维度来进行组合评估，用户可以获得自定义的价值得分。通过评估对数据的利用情况，用户可以了解其对现有数据的使用程度及利用效率。目前该数据评分系统可直接通过在线工具进行操作，用户能够根据自己的需要，获取多种维度下企业数据资产的价值和使用情况，进而对企业经营决策产生影响。

加拿大也是在数据资产管理方面起步较早的国家，从开放政府数据到整个国家、社会、经济的战略层面均有相关政策法规及标准的制定。例如在政策法规方面，加拿大制定了《开放政府协议》《国家数据战略路线图》等。在具体实践方面，加拿大有政府数据开放门户以及加拿大开放数据交换中心等。

二、欧洲地区

欧盟从 20 世纪末开始重视公共部门信息的开放再利用，并通过开展大量工作来完善相关制度体系。在 1999 年制定的关于公共部门信息的绿皮书中，欧盟明确指出公共部门信息是社会的关键资源。通过 2001 年制定的《公共部门信息开发利用的欧盟框架》以及 2003 年制定的《公共部门信息再利用指令》，欧盟在法律层面针对文字、音频及影像资料等信息的再利用及其带来的经济效益进行了规定。截至 2008 年，全部欧盟成员国都已将《公共部门信息再利用指令》转化为国家法律，为相关工作的开展提供法律保障。2013 年，欧盟又通过了修订后的《公共部门信息再利用指令》，加强了对个人隐私、知识产权等数据的保护。为了提升公共部门信息在欧盟市场中的地位，更好地发展数据经济，2014 年，欧盟发布了《公共部门信息再利用指南》。同年，欧盟又发布了《关于公共部门信息再利用许可标准、数据集和收费模式的指南》。该指南解决了授权和收费问题对公共部门信息再利用的阻碍，是欧盟委员会通过挖掘数据价值来推进欧洲经济作出的重大努力之一。2018 年，欧盟通过了《通用数据保护条例》（General Data Protection Regulation, GDPR），该条例通过约束欧盟成员国及任何与欧盟各国进行交易或持有公民（欧洲经济区公民）数据的公司的行为，来保证欧洲公民的个人隐私。该条例规定，"企业在收集、存储、使用个人信息时要取得用户的同意"，公民本人"对个人数据拥有绝对的掌控权"。

总体而言，该条例给企业带来了空前的压力，提高了科技型企业进军欧盟的门槛。

在实践方面，欧洲地区建立了统一和规范的数据门户网站。英国、法国和德国分别于 2010 年、2011 年和 2013 年建立了自己的政府数据开放门户。德国于 2018 年初通过区块链技术将联邦政府和各级地方政府机构所监管的数据进行合并管理，这有利于公民、企业以及公共部门从中央级别的统一入口获取政府、公共行政和监管部门的数据和信息。同时，欧盟还建立了各成员国共建共享的数据门户，该共享门户基于欧盟完备的元数据标准体系。利用统一的元数据标准，用户可以检索到多个国家和地区的政府数据资产。这个统一的数据门户，极大地促进了数据在欧盟成员国之间的共享和流动，使数据更加开放、更易获取，具有更高的使用效率。鉴于该方面的实践工作，欧盟成为数据共享与互操作探索方面的领先者。

欧盟地区在数据资产管理实践上具有成熟的理论框架与工具，英国的《数据资产框架》（Data Asset Framework，DAF）是这方面的代表。通过审计规划、资产确认和分类、资产评估管理、报告和建议四个步骤，该框架可以对数据资产进行详尽的管理和审查。DAF 还提出了数字知识库审计工具 DRAMBORA（Digital Repository Audit Method Based on Risk Assessment），为审计人员进行数字知识库的相关工作提供了便利。

三、大洋洲地区

澳大利亚着手进行数据资产相关工作是从开放政府数据与政务数字化转型开始的。澳大利亚政府于 2010 年 7 月发布了《开放政府宣言》，由此开启了政府机构内部数据不断开放的进程。从 2011 年到 2020 年，澳大利亚政府又相继发布了多份文件和指南，如 2011 年的《数字转型政策》，2013 年的《开放获取政策》，2015 年的《2020 年数字连续性政策》。这些政策的发布，有助于将强大的信息管理系统整合到政府业务过程中，提升政府公共数据管理的能力，有助于释放开放数据的社会和经济价值。这些政策在开放数据的同时也注重保护个人数据安全和隐私，保护国家安全和商业机密。除了政府的数字化转型，澳大利亚还将发展数字经济提升为国家战略。澳大利亚国家档案馆发布的《2020 年数字连续性政策》，为数字经济打下了坚实的基础。2018 年，澳大利亚工业、创新与科学部发布了《澳大利亚技术未来——实现强大、安全和包容的数字经济》战略报告，提出要在"人力资本、服务、数字资产（数字基础设施、数据）、环境（网络安全、监管）"等多个方面大力发展数字经济。

在相关实践方面，2000 年，澳大利亚政府实施了"政府在线"（Government Online Directory）工程，提出到 2001 年底，联邦部门、机构要将适宜上网的服务全部搬上网。2004 年，澳大利亚政府门户网站上线，澳大利亚政府各个部门及地方、社会组织的链接集成在一起，并对各种资源分门别类，便捷了民众对政府信息的访问，增进了政府与民众的交流。

与澳大利亚一样，新西兰政府也认为高质量的开放公共数据，将会对经济、社会、文化及教育等全方位发展有极大推动作用。新西兰的《开放和透明政府声明》提出，所有公共服务部门应该积极主动披露公共数据以使其发挥最大价值。在《政府信息和通信技术战略与行动计划 2017》中，新西兰政府将信息资产管理作为重点工作，将释放政府信息的价值列为重要目标。在数据管理方面，新西兰政府在

《高价值公共数据重用的优先级与开放：流程与指南》中，对数据从产生、运转到保存或销毁的全链条均有规定、标准及具体执行办法。在具体实践方面，新西兰政府也有自己的政府门户网站来具体落实上述文件中的各种政策。

四、亚洲地区

亚洲地区政府数据开放起步相对较晚。以日本为例，日本政府开始重视数据开放的重要作用是在2011年的"3·11"地震灾害之后，但其仍在数据资产及其管理等方面走在了亚洲各国的前列。与欧美等国不同，日本的大数据政策采取以应用开发为主的务实战略，尤其在农业、医疗、交通、能源等传统行业，日本大数据应用取得了众多成果。2013年，日本正式公布《创建世界尖端IT国家宣言》，该宣言全面阐述了2013—2020年间日本新IT国家战略。该战略以开放数据及大数据技术为核心，其目标是将日本建设成为一个在应用信息产业技术方面具有世界一流水准的社会。日本政府公开的大数据战略方向中包括数据开放、数据流通以及基于大数据的创新应用等。

在政府总体战略的影响下，大数据为日本社会创造了巨大的经济效益。根据矢野经济研究所的报告，2011年、2012年日本大数据相关产业的规模分别为1900亿日元、2000亿日元，而到2013年以后该规模将年均增长20%。在2013年的《信息通信白皮书》中，日本总务省估算，在大数据被充分利用的情况下，零售业、制造业等领域有望每年新增7.77万亿日元（约合人民币4800亿元）的经济效益。日立、松下、富士通、丰田等日本企业对于大数据应用的创新开发走在全球前列。日立向用户企业提供数据分析大师服务（Data Analytics Meister Service），为不同的用户企业提供量身打造的大数据实施方案，帮助企业利用大数据创造新的商业价值。日本电气株式会社（NEC）通过自己的"Neo-Face"脸部识别技术，搜集整理顾客的年龄、性别及来店经历，分析这些数据同销售额的关系，为新的销售策略提供数据支撑。

新加坡在 2006 年推出了"智能城市 2015"发展蓝图，并于 2014 年将该发展蓝图升级为"智慧国家 2025"计划。在该计划中，大数据占据重要位置，大数据的收集、处理和分析应用，将成为新加坡"大数据治国"的重要组成部分。在具体的数据应用实践中，新加坡土地管理局研发了电子地图（One Map），为企业提供了地理空间相关的开放数据平台；新加坡陆路交通管理局通过开放新加坡交通数据，鼓励企业、个人开发提升公共交通效率的应用软件；新加坡环境局通过利用与环境相关的大数据，为社会提供气象、环境和疾病暴发等信息服务。

在指导性和规范性文件方面，日本有《开放数据基本指南》，新加坡有《个人数据保护法令》等。相较于北美洲、欧洲和大洋洲各国完善的政策法规以及成体系的数据资产评估和管理标准，日本和新加坡仍显得稍有不足。但是，亚洲的优势在于极为注重数据资产带来的社会效益，在创新应用开发上有相对优势。

表 1-1　各国数据资产相关政策法规、标准及实践

洲际	国家	政策法规	标准	实践
北美洲	美国	《信息自由法》 《透明与开放政府备忘录》 《开放政府指令》 13526 号总统令 13556 号总统令 13642 号总统令 《开放数据政策——将数据当作资产管理备忘录》 《大数据：把握机遇，守护价值》白皮书 第三次行动计划 《开放的、公开的、电子化的及必要的政府数据法》 《联邦数据战略与 2020 年行动计划》 《加利福尼亚州消费者隐私保护法案》（CCPA）	《联邦信息和信息系统安全分类标准》（FIPS 199） 联邦地理数据委员会制定的一系列地理空间标准	政府开放数据门户网站； 数据资产评分系统
	加拿大	《开放政府协议》 《开放数据宪章——加拿大行动计划》 《开放政府合作伙伴的第三次两年计划（2016—2018）》 《国家数据战略路线图》 《信息获取法》 《信息获取政策》	《政府数据开放指导》 《信息获取法管理指导》 《加拿大政府数据开放许可》 《开放数据 101》 《元数据标准》	政府开放数据门户网站； 加拿大开放数据交换中心
欧洲	欧盟	《开放数据——创新、增长和透明治理的引擎》 《数据驱动经济战略》 《关于公众获取欧洲议会、理事会及委员会文件的规定》 《公共部门信息再利用指令》 《通用数据保护条例》(GDPR)	《公共部门信息再利用指南》 《关于公共部门信息再利用许可标准、数据集和收费模式的指南》 《欧盟开放数据的元数据标准》	统一的开放数据门户网站； "欧洲数据门户"（European Data Portal，EDP）

数据资产化

续表

洲际	国家	政策法规	标准	实践
欧洲	英国	《公共部门信息再利用条例》 《英国农业技术战略》 《国家信息基础设施实施文件》 《G8 开放数据宪章英国行动计划 2013》 《2016—2018 年英国开放政府国家行动计划》 《开放政府国家行动计划 2019—2021》 《自由保护法》	《政府部门信息再利用：规则和最佳实践指南》 《数据资产框架（DAF）》	政府开放数据门户网站； 开放数据研究所； 农业技术创新中心； 数字知识库审计工具
	法国	《人权宣言》 "透明义务"宪章 《数字共和国法案》 《2015—2017 年国家行动计划》 《个人数据保护法》		政府开放数据门户网站； 企业与机构索引信息系统
	德国	《2005 年联邦政府在线计划》 《德国在线计划》 《针对数据和算法的建议》 《信息和通信服务规范法》 《联邦数据保护法（BDSG）》 《联邦版权法（UrhG）》 《联邦中央登记法（BZRG）》 《信息扩展应用法（IWG）》 《空间数据存取（GeoZG）》 《环境信息法（UIG）》 《消费者信息法（VIG）》 《信息自由法（IFG）》 《开放式数据法案（ODG）》		政府开放数据门户网站

续表

洲际	国家	政策法规	标准	实践
大洋洲	澳大利亚	《开放政府宣言》 《公共部门信息开放原则》 《数字转型政策》 《开放获取政策》 《2020 年数字连续性政策》 《公共数据政策声明》 《澳大利亚技术未来——实现强大、安全和包容的数字经济》 《隐私权法》及其修订法案 《隐私管理框架》 《信息自由法》 《档案法》 《电信传输法》	《澳大利亚政府开放获取和授权框架》 《澳大利亚政府定位服务元数据标准》 《新南威尔士州基础设施数据管理框架（IDMF）》 《新南威尔士大学数据分类标准》	政府开放数据门户网站； 澳大利亚多机构数据集成项目
	新西兰	《政府持有信息政策框架》 《新西兰政府数据管理政策与标准》 《新西兰地理空间战略》 《数字战略 2.0》 《国家健康 IT 计划》 《开放和透明政府声明》 《新西兰数据和信息管理原则》 《政府信息和通信技术战略 2015》 《政府信息和通信技术战略与行动计划 2017》 《新西兰政府开放获取及许可框架》 《官方信息法案》 《隐私权法案》 《版权法案》 《公共记录法案》	《高价值公共数据重用的优先级与开放：流程与指南》 《新西兰政府数据管理政策与标准》 《新西兰统计部数据管理与开放实践指南》 《新西兰统计部机密性指南》 《新西兰统计部元数据与文档指南》 《新西兰统计部数据开放实践指南》 《电子表格或 CSV：开放数据管理者指南》	政府开放数据门户网站

数据资产化

続表

洲际	国家	政策法规	标准	实践
亚洲	日本	《创建世界尖端 IT 国家宣言》 《面向 2020 年的 ICT 综合战略》 《政府开放数据战略》 《电子政务开放数据战略》 《开放数据行动规划》 《数字政府实施计划》 《促进地方政府数据开放纲领》 《推进官民数据利用基本法》 《著作权法》 《行政机关信息公开法》 《个人信息保护法》	《开放数据基本指南》	政府开放数据门户网站； 企业大数据应用与服务等
	新加坡	"智能城市 2015"发展蓝图 "智慧国家 2025"计划 《个人数据保护法令》 《个人数据保护规例》	《关于国民身份证及其他类别国民身份号码的（个人数据保护法令）咨询指南》	新加坡政府开放数据门户网站

资料来源：崔静、张群、王春涛、杨琳主编：《数据资产评估指南》，电子工业出版社 2022 年版，笔者进行了整理。

第二章　数据资产的确认

我国的《企业会计准则——基本准则》（2014）将资产定义为：资产是指企业过去的交易或者事项形成的、由企业拥有或者控制的、预期会给企业带来经济利益的资源。

鉴于此，企业数据确认为资产应该具有以下三大特征：（1）企业具有该经济资源的控制权，但不要求所有权；（2）经济资源是未来产生经济收益的现时权利，能够带来其他企业不能获得的经济收益；（3）形成于企业的历史事项，能够反映企业的历史信息。虑及数据的特性，企业有必要从权属、收益和来源等角度分别考察数据资产的会计确认要件，以界定纳入资产的数据范围。此外，考虑到数据资产的预期收益与应用场景高度相关，本章同时讨论了数据资产的场景性。

会计视角下，经济资源能够被确认为资产的一个要件是企业对该资源构成控制。本章厘定了会计意义上的控制权与"数据二十条"这一数据基础制度文件中持有权、加工使用权和产品经营权等"三权分置"的关系，为企业数据确权实践提供理论参考。

总体而言，来源清晰无争议、由企业合法控制、对企业未来经济收益有贡献是数据资源确认为企业资产的必要条件。本章将针对数据资产的权属、应用场景、可变现性与来源逐一展开分析。

第一节　数据资产的权属

一、数据权属：问题与争议

清晰的经济产权是市场实践中商品交易的前提，同时也作为经济资源形成资产的确认要件。一方面，机器设备、建筑物等有形经济资源以具体物质产品形态存在，具备物理上的可辨认性和排他性，可由所有者占有、使用、收益和处分，进而被确认为有形资产；另一方面，由实体持有的专利权、商标权等无实物形态、可辨认的无形经济资源，具有虚拟性、可复制性的特质，在相关法律法规的保护下可形成权利的独占性与收益的排他性，进而被确认为无形资产。

在"数据"相关概念出现以前，信息的价值已受到经济和会计领域的重视（Stigler，1961；Felthem，1968）。彼时"信息"作为一个笼统的概念，指代宽泛，载体不明。例如，信息既可表现为公之于众的官方告示，亦可表现为企业传承百年的秘密；既可经由代际更替口口相传，亦可通过书信形式记载留存。信息的具体表现形式如何，企业在何种程度上控制某种信息，所控制的信息能否为企业带来价值、价值如何等问题，由于信息载体的多样性、内容的碎片化而无法度量。因此，当我们谈及"将信息确认为企业资产"这一命题时，首先遇到的难题是如何划定会计确认的范畴。此外，信息的流动遵循自由原则，主体有权选择信息共享或自留，在这一意义上我们无法谈及对信息的实质性权利。

在法律上，与一般意义上的"信息"不同，数据在我国法律中被认定为民事权利客体。①《中华人民共和国民法总则》第一百二十七条规定："法律对数据、网络虚拟财产的保护有规定的，依照其规定。"尽管该条仅仅作为一项引致条款，但这为后续与数据相关的法律规范的建构提供了一个可兼容的制度接口（刘炼箴，2020）。事实上，《民法总则》已对"隐私""个人信息""数据"作出区分，即"数据"在立法层面是独立于"隐私"与"个人信息"的权利客体（李爱君，2020）。

　　作为新型权利客体，数据兼具传统物与无形物的特征。国际标准化组织对数据作如下定义："以适合交流、解释或处理的正式方式，对信息进行可重新解释的表述。"②《中华人民共和国数据安全法》则将数据定义为："通过电子和非电子的方式对信息的记录。"可见，数据是技术（或物理）属性与内容（或信息）属性相结合的权利客体。依照其结构，可将数据分为载体层和内容层，对信息的记录方式是载体，而信息本身则包含于数据的内容层。数据的结构性分层，意味着谈及数据权利时，需要厘清讨论对象是附着于载体层面抑或内容层面，权利是"自益"还是"他益"的。③载体层的权利可认为是自益的，涵盖使用价值、交换价值、取得财产性权益相关的权能。内容层的权利是他益的，权利行使受到内容及相关法规制度的约束。例如，在内容层如果包含个人信息，便涉及个人信息权益保护问题，数据加工处理者、经营者在使用或开发数据时需要遵守《中华人民共和国个人信

---

①　中国的立法没有采纳"信息"这一概念，而是分别用数据、个人信息、隐私等单独的权利或权益加以保护。

②　ISO/IEC, *Information Technology Vocabulary*, https://www.iso.org/obp/ui/#iso:std:iso-iec:2382:-1:ed-3:v1:en.

③　李爱君：《论数据权利归属与取得》，《西北工业大学学报（社会科学版）》2020年第1期。

息保护法》。

作为新型生产要素，数据的权属问题一直以来都存在争议。数据独特的技术—经济特征，是数据权属争议形成的根源。首先，数据具有多元主体性。数据不同于土地，不是天然存在的自然禀赋；数据也不同于知识，不是人类能动性意识的创造成果。数据是人类生产和消费过程中的衍生物，由自然人、企业、政府等多个经济主体共同参与创造。例如，互联网平台用户数据是消费者浏览、互动、购物等行为特征经由企业汇集的产物。同时，多元主体性意味着不同主体间权益的相关性，这进一步带来了冲突发生的可能性，因而数据权属问题便成为数据生产和流通环节中的核心争议。其次，作为可无限复制的客体，数据在使用上是非竞争性的，多方主体能够同时加工、使用数据而又互不影响，因而具有共享共用的特性。最后，数据天然是非排他的，但是企业可通过技术或市场策略赋予数据排他性。企业使数据"排他化"的主动战略，往往会引致不同企业关于特定数据控制权的争执。从微观视角看，如果数据是非竞争、可排他的，其性质更类同于"俱乐部物品"（Club Goods）而非公共物品（Jones 和 Romer，2010）。总而言之，数据在生成和使用阶段都涉及多方主体，其中涉及哪些权利、这些权利分属于哪些主体，目前在法律上还没有得到明确。

二、界权制度：理论与实践

学界对数据产权制度设计的探索思路主要可以归纳为"实用说""赋权说""结构说"三种（黄丽华等，2023）。首先，"实用说"秉承"实用主义"的基本理念，其核心观点是如果数据所有权

（Ownership）难以在现行法律框架下得到适宜的诠释，可考虑暂且回避，转而将关注点放在产权制度设置的期望效果，即通过界权实现数据要素的最高效率利用。戴昕（2021）沿循了"实用说"的基本思路，指出"数据权利的相关规则不会从天而降"，而是法律对于数字经济效率与公平议题的回应；因此数据界权应超越传统财产权属思维，转而着眼于数据要素市场参与者间的利益互动关系。这一思路符合上文中对数据特征的分析，即数据具有主体多元性质，因此数据价值的实现过程，本身就是参与者间冲突、合作的互动过程。其次，"赋权说"认为现有的权利类型难以直接适用于数据，因此主张创设新的财产权，例如"数据权"（连玉明，2018），"数据资产权"（龙卫球，2018），或赋予数据有限的排他权（崔国斌，2019）。最后，"结构说"认为数据权利具有较为复杂的权利结构，因而需要构建"权利束"等模型（王利明，2022）。

制度实践方面，"数据二十条"创新性地提出了"探索数据产权结构性分置制度"，对数据要素的权属界分问题提供了"举旗定向"的顶层设计。我国最早关注到数据产权问题的制度文件是 2020 年 3 月发布的《关于构建更加完善的要素市场化配置体制机制的意见》，文件要求"根据数据性质完善产权性质"[①]。而后两年内，"所有权—使用权"二分法被多次提及，并引发关于"所有权"概念是否适用的质疑。国家发展和改革委员会于 2022 年 3 月发布《数据基础制度若干观点》[②]，首次将"数据所有权"这一饱受理论界争议的概念替换成

[①]　《中共中央　国务院关于构建更加完善的要素市场化配置体制机制的意见》，2020年 3 月 30 日，见 http://www.gov.cn/zhengce/2020-04/09/content_5500622.htm。

[②]　国家发展改革委创新和高技术发展司：《数据基础制度若干观点》，2022 年 3 月 21日，见 https://www.ndrc.gov.cn/yjzxDownload/20220321fj.docx。

"数据持有权"这一新概念，同时延续了"持有权—使用权"权利二分法。2022年6月，中央全面深化改革委员会第二十六次会议召开，审议通过了《关于构建数据基础制度更好发挥数据要素作用的意见》，文件要求建立"数据资源持有权、数据加工使用权、数据产品经营权"等分置的产权运行机制（以下简称"三权分置"）。这一关于数据权属的新思路与党的十八届三中全会对农地"所有权、承包权、经营权"分置的制度安排具有相当的历史意义。

数据的"三权分置"遵循了"回应赋权"的设计思路，突破了"两权分置"方案的局限性（黄丽华等，2023）。这一制度是数据产权观念的重大创新，搁置了对于"所有权"概念的争议，强调数据要素的充分流动，聚焦数据使用权和经营权的流通、转让，是对数字经济时代构建数据要素大市场、支持数据要素赋能企业数字化转型等战略需求的奠基性的制度回应。

"三权分置"制度充分包容了数据要素的技术—经济特征。其中，"持有权"表达"占有"这一权能，强调的是稳定的占有秩序或状态。这构成一种事实性的认定——以直接或间接的形式对物的直接支配或控制，因此并不依赖于所有权源。《数据基础制度若干观点》对"持有权"概念进行了初步的解释：数据持有权包含"自主管理"这一积极权能，即数据的持有者能够在法规或合约约束范围内自主决策数据的使用路径、应用场景等；同时具有消极防御的权能，即能够防范干扰持有者合法权益的行为。根据数据持有者间的关系，持有权可以进一步分为"原始持有"和"继受持有"。其中，"原始持有"是指未经权利流转的、原生形成的数据持有状态。在该情况下，持有权具有自益性，即持有者能够享受使用或经营数据带来的经济利益。"继受持有"则是指经由授权等权利转让方式形成的持有状态，其权能会受到权利让渡时关系双方签署的合约内容的约束。例如，如果合约中规定转让的数据仅供继受持有一方自用，那么该数据的持有权便无法再向他者转让，继受持有者也不可经营该数据。一个较为极端的例子是，实体对数据的持有完全不具有自益性，例如互联网数据中心提供数据的存储和托管服务，此时数据中心的确从数据委托方处得到了继受持有的状态，但根据约定数据中心不可访问和使用数据，更不能对数据内容进行篡改。此外，"数据加工使用权"和"数据产品经营权"可顾名思义：前者是指自我使用、处理加工数据的权利；后者是指开发数据形成产品并通过交易变现取得收益的权利。数据的加工使用权强调对数据资源进行聚合、清洗、分析等操作后应用于实体内部业务的权能，而产品经营权强调数据价值链中由资源到产品再到商品这一价值创造和价值实现的过程。

三、确认要点：会计意义上的"控制权"与"三权分置"的关系

会计确认视角，一项经济资源能够被确认为资产的一大要件是，企业能够对该资源构成"控制"，或者说掌握了对该资源的控制权。《财务报告概念框架》对控制权的内涵作出了说明：企业能够任意地使用该经济资源，且能够获得其未来产生的经济收益。由此可见，企业构成对某项经济资源的控制，并不要求享有该资源完整的所有权；重要的是，在事实上企业能够自主管理和支配该数据资源，并享有该资源的收益权。

上文中我们重点讨论了数据持有权的内涵，可以发现，如果实体享有了对特定数据资源的持有权，便意味着其能够自主管理数据，并在通常情况下可以直接或间接地获得该数据带来的经济利益。在这一

意义上，数据资源的原始持有者拥有了控制权；而继受持有者受制于合约内容约束仅在有限的情景下对数据资源构成控制。

同时，如果企业享有对某项数据资源的加工使用权或产品经营权（考虑现时并不持有数据的状态，或不在物理意义上持有数据但可通过隐私计算等方式利用数据的情境），能否构成控制呢？我们的回答是，数据的加工使用权和产品经营权须具有一定的排他性才构成资产确认的必要条件，因为企业控制的资产必须能够带来不具有该资产的企业不能获得的经济收益。如果某项数据的加工使用权或产品经营权人人皆有，完全不具备排他性质，那么其内含的信息便成为公共信息，或类同于经济学科中"共同知识"的概念，我们很难指望此类信息能够为特定企业带来排他性的收益。一个直观的例子是，企业能够无偿使用或经营政务公开数据，该数据同时能够由任意实体无偿或以极低的成本取得，为每一实体在未来带来经济收益，即公共数据的加工使用权或产品经营权完全不具有排他性，该情况下我们认为完全公开的公共数据的加工使用权或产品经营权不应确认为资产。与专利、软件著作权等知识产权不同，目前没有任何法规明确规定何种类型、形态的数据具有排他性，但不少企业出于商业战略目的，有意地通过技术或组织渠道自留或独占数据，从而使得该数据具有了排他性。具备一定排他性的数据的加工使用权或产品经营权的获得者享有了会计意义上的支配权利和经济利益，因而也构成了会计意义上的控制权。

第二节 数据资产的应用场景

在数据资产的会计确认过程中，有必要关注其与传统资产相区别的一大特质——场景性。数据资产的"场景性"概念一般是指数据资产的价值与应用场景高度相关，同一数据在不同商业模式、业务导向下的货币化价值可能是高度异质性的（Gu et al.，2022）。

按照行业领域，数据资产可划分为医疗数据资产、工业数据资产、金融数据资产、交通数据资产等类型。此类针对行业细分、具有特定用途的、专业化程度较高的数据资产，应用场景较为固定。例如，Elsaify 等（2020）借助实证研究发现，超过一半的数据交易发生在同一行业内，且主要是具备数据科学能力的企业在小范围内交易。一个更为直白的例子是，客户的体检和诊疗数据，交通部门对该数据几乎没有需求，但是对于卫健部门而言该数据是最具价值的资产。当特定数据资产的应用场景明确而单一时，我们也称该数据具有较强的"资产专用性"。事实上，大多数实物资产（尤其是固定资产）都具有强的资产专用性，例如用于生产某种固定形态产品的模具、车床等，其研发目的正是服务于该产品的流水线生产。当数据具有强的资产专用性时，其与机器、厂房等传统的生产性资产的性质更为接近；应用场景的固定实质上降低了我们评估该数据资产收益的难度。

黄丽华等（2022）基于数据要素流通的视角，将数据资产划分为"资源性数据资产"和"经营性数据资产"两类。前者是指尚未进入流通市场之前、具有潜在开发价值的数据资产，通常没有固定的应用场景；后者是指产品化以后在市场上进行流通的数据资产。资源性数据资产是较为原始、低级的形态，而经营性数据资产则是相对成熟、高级的形态。资源性数据资产在经研究开发并生发出产品形态后，可转化为经营性数据资产。

经营性数据资产，往往是那些应用于特定行业的、场景固定的数据资产。例如，数据集市上常出现的API信息查询服务①，用途明确、有针对性。而资源性数据资产，通常以原始数据集的形态出现，具有多种潜在的用途。这类"低级形态"数据资产（如客户的消费口味调查）的开发可能性更为多样，潜在应用场景更为丰富。因此，资源性数据资产具有"多维衍生性"——同一数据集，可以与其他数据组合形成新产品，也可与技术等要素结合创造新价值。通常我们提及数据资产的场景性时，实质上最关注的是在资源性数据资产经历研发过程质变成为经营性数据资产以前，"其应用于多个场景的可能性如何"以及"最有价值的应用场景为何"这两个问题。

在实践中，数据资产的"场景化"问题广受关注。场景化是指对尚无明晰应用路径的资源性数据资产进行评估并为其提供最适宜的应用场景的过程。事实上，制造业、服务业等产业的诸多行业内部已收集形成以泽字节（ZB）为单位计的大数据，但由于这些数据持有企业的主营业务并非数据产品研发，且企业管理者往往并不清楚其持有数据的可能或最佳应用场景，因此这些宝贵的数据禀赋便停留在了低级的资源形态，没有实现场景化。近期，上海数据交易所提出"无场景不交易"的基本原则，广州数据交易所也提出了"无场景不登记、无登记不交易、无合规不上架"的规则体系，这些前沿制度正在激励企业积极探索数据资产最适合的应用场景，推动数据资产"场景化"。

数据资产的"场景性"概念偶尔也意指"场景性公正"。"场景性公正"原则最初由 Nissenbaum（2009）提出，其核心主张是"批判脱离场景与信息关系谈论个人信息权利保护"。我们认为，企业在享

---

① API信息查询服务，是指数据的卖方运用应用程序编程接口（Application Programming Interface，简称API）提供的信息查询服务。数据的买方通过输入简单指令或关键词，即可满足信息查询需求。

有数据持有权、加工使用权、产品经营权的同时也需要遵循"场景性公正"原则，即对数据在特定场景下的使用和收益受制于法规条例。考虑涉及个人信息的数据，由于用户属性数据、行为数据等隐私程度各不相同，那么对于不同隐私级别的数据，企业是否享有使用或经营的权利，需要视场景确定。例如，企业是否被允许持有最高隐私级别的数据（如身份证号等可直接匹配用户身份的数据），由"告知—同意"原则确定，同时自然人享有撤回权；企业持有一般隐私级别的数据（如消费行为特征等间接匹配用户身份的数据）无须特别征求同意，但数据交易等须经技术脱敏后才是合规操作。违反"场景性公正"原则的最知名案例要数"剑桥分析"丑闻。将近 1 亿脸书（Facebook）账户的私人信息在未经用户知情同意的情况下被不当泄露给"剑桥分析"咨询公司，用于操纵美国政治选举。平台转售或泄露用户数据，是其商业模式之外的非公正场景，对用户的隐私安全构成极大威胁。"剑桥分析"事件带来的启示是，企业对数据资产的控制（尤其是涉及自然人等其他权益相关方时）并非无条件的，而是受到法规条例和应用场景的约束，企业在利用数据产生经济利益的同时，也需要承担保护用户隐私和数据安全的社会责任。

第三节　数据资产的可变现性

《财务报告概念框架》要求企业控制的资产在未来有产生经济收益的可能性，并且指出其未来产生的收益是不拥有该资产的企业所不能取得的经济利益。换言之，企业资产需要同时满足获益的可能性和（至少一定程度的）排他性。数据在一般意义上具备提升企业

未来利益的潜能，但对于特定的数据，需要考察数据内容的质量是
否达到标准、与企业业务的相关性、是否具有应用场景及在该场景
下能否创造收益等因素。如 Ackoff（1967）所预言，企业实际接触
到的绝大部分数据都是碎片的、冗余的，甚至是妨碍决策的"噪声"，
其本身毫无使用价值，也便无价值可言，由此不能作为资产。因此，
从数据的收益性或可变现性角度论证其是否可确认为资产，具有必
要价值。

我们将企业与数据相关的业务活动主要划分为如下三类场景：
（1）数据外售，即将数据资源开发为可用于流通交易的数据产品或服
务；（2）数据自营，自行开发数据以支持企业的主营经济业务和市场
战略；（3）以不持有数据的方式进行使用或经营。这三类场景基本概
括了企业"数据业务化""业务数据化"等数据应用的主要方式。下
文将面向这三类场景，逐一讨论企业在数据使用或经营活动中所产生
的经济收益，进而为将企业的数据资源或权利确认为资产提供前提
条件。

一、数据外售

数据外售场景下，数据资产的收益路径相对明晰和直观：可依据
数据产品或服务的售价、（相似商品的）月销量等营销指标直接判断
其在未来产生经济收益的可能性与数量。在"数据二十条"这一基础
制度的引导下，未来数年，数据要素市场将由初创逐渐走向成熟，可
以预见数据外售场景也将成为主流。以上海数据交易所为例，在其成
立的两年内，已有超过 800 家"数商"和交易所成功对接，签约成功
的"数商"已超过 500 家，累计挂牌的数据产品有 500 余个，数据产

品的交易额已突破 1 亿元。随着数据要素市场趋于成熟，2023 年预计可达成 10 亿元交易额。

对于数据外售场景的确认，我们认为需要企业明确列示如下信息：（1）业务范围，如产品或服务类型，目标需求方所属行业等；（2）流通环境或交易的平台市场，包括数据交易所等场内交易市场以及与数据经纪人间的场外交易市场等；（3）产品或服务的价格；（4）历史营收额或预期销量；（5）产品或服务的合规性，如数据收集的来源是否合法，是否满足脱敏等要求。如果数据产品已经完成出售或数据服务已经交易完成，其产生的收益显而易见。

二、数据自营

数据自营场景下，识别和衡量数据在未来产生的收益有一定难度。这主要是由于数据参与价值创造的机理相对复杂，其参与经济生产的路径并不如劳动、资本等一样直观。数据多维衍生的特质使其用途各异，例如在咨询行业中，数据作为"原材料"与算法结合形成内部信息；在制造业中，数据则可能作为统计支持产品辅助企业决策。从经济理论的角度分析，在生产函数中，数据既可能作为与劳动、资本相并列的投入因子，也可进入决策者的信息集降低风险，还可通过人力资本或技术进步的渠道在长期影响企业的收益。从实践层面来看，数据自营场景下企业获得收益的方式一般是通过分析处理数据以获得相关市场、消费者或竞争者的商业信息，来辅助企业优化战略决策，提升经营利润或市场地位。

评估自营数据收益性的基本思路是，测算企业使用数据和不使用数据两种情形下对于特定项目收益是否有显著差异。如果过去企业有使用过该数据的历史，可以在调整物价、季节性等因子后对使用数据和不使用数据的两个历史时段直接作比较；如果数据是新产生出来的，可考虑运用现金流模拟的方法对两种情况分别进行估计。总之，我们评估的目的是试图剥离出数据对企业业务的独有贡献。

一般而言，企业持有的数据资源在开发以前缺乏明确的应用场景。数据的开发是指企业运用技术方法通过对原始数据的预处理、分析、加工包装等环节实现价值创造、赋予数据商业价值的过程。参考无形资产的会计准则，企业自行研究开发过程中，仅当开发阶段的费用支出使得无形资产达成使用或出售的目的时，才能确认为无形资产，研究阶段的费用支出则不能形成无形资产。因此，在有足够的技术、财务以及其他资源的支持下，完成数据的开发，并有能力使用它从而产生经济利益，是将开发出来的企业数据确认为资产的前提条件。

在会计确认的实践中，企业需阐明自身技术和财务资源足以完成数据的开发，所开发数据对主要业务的影响路径，并评估前期开发数据的使用对营收额或利润的边际贡献。例如，互联网企业需说明搜集整理的月度或季度活跃用户数与营销策略间的相关性，论证该数据对未来利润的边际价值，才能将自行开发的数据计为资产。对于仅持有原始数据资源但无相关条件开发出具有可变现性数据的情况，原始数据不应被确认为资产。

三、以不持有数据的方式进行使用或经营

除数据外售和自营两种场景外，还有一种可能的场景是企业并不在物理意义上持有数据，但拥有该数据的加工使用权或产品经营

权。隐私计算（Privacy Computing）是这一场景的一个具象化的应用案例，指在保护数据本身不外泄的前提下分析、计算数据的技术方案，以"可用不可见"的形式达到同时维护数据安全和实现数据价值释放的目的。隐私计算的一个重要技术方向是联邦学习（Federated Learning），指在本地原始数据不出库的前提下，对加密数据进行技术处理以完成多方联合的机器学习训练任务。联邦学习的参与者一般包括数据方、算法方、计算方、协调方、结果方等。其中，数据方可能涉及多家企业，每家企业仅拥有己方数据的持有权，但共享训练任务结果，因此可以认为这些企业拥有了整体数据的使用权，同时共享了计算结果所带来的收益。

在企业不在物理意义上持有数据但拥有加工使用权或产品经营权的场景下，作为生产要素的数据与算法相结合形成产品或服务，用于出售或支撑经济业务。与数据外售和数据自营两种场景下的判断方法类似，如果可验证企业所拥有的加工使用权或产品经营权所开发形成的数据产品或服务存在市场，或对企业的经济业务有贡献，则认为这一权利具有可变现性。

最后，结合上文提及的数据资产的场景性，我们指出数据资产未来产生的经济收益与使用或经营该数据的企业的特点高度相关。因此，在判定数据是否能够被确认为资产时，需要多方考虑与数据相关的经营活动场景，并在必要时参照不同行业间形成的惯例或案例经验。当未来是否产生经济收益存在强烈的不确定性时，可参考《财务报告概念框架》5.15—5.17 的原则，为待确认对象提供全方位的信息，使得财务报告使用者能够获取关于可变现性的信息以及如何进行会计计量或披露的信息。

第四节　数据来源

《财务报告概念框架》要求资产由企业的历史事项形成，并构成对企业历史信息的反映。对于企业数据而言，其来源无论是企业内部产生，或者从外部收集或购买，均可视作企业历史信息的反映。但是考虑到数据资源或权利的流转往往是难以追溯的，那么数据来源的合法性便成为其资产确认时的必要核验环节。"合法性"强调的是法律评价，因而在判定时需要考察数据内容或流转行为是否违反了相关的法律法规。一般而言，企业获取的数据类别可分为个人数据、企业数据、公共数据，下文将逐一简要分析。

对于个人信息数据来源合法性，"数据二十条"提到要"建立健全个人信息确权授权机制"，说明对于内容层含有个人信息的数据，数据的收集者、加工处理者和使用者均需承担更严格的注意责任。《中华人民共和国个人信息保护法》（以下简称《个人信息保护法》）特别要求数据收集的"最小必要原则"，即个人信息的采集类型应与实现企业产品或服务的业务功能直接相关。需要指出的是，最小必要原则与数据资产的确认前提一致：企业无法证明具备业务相关性的数据，不应作为资产计；在某种程度上，最小必要原则降低了数据资产认定的复杂度。此外，"数据二十条"进一步强调了企业处理个人信息行为的规范性，"不得采取'一揽子授权'、强制同意等方式过度收集个人信息"。在未来，数据充分流通与个人信息保护之间的张力将通过制度设计的方式加以纾解，例如将数据信托作为个人数据可信流通的一种新型模式（黄京磊等，2023）。

关于企业数据的来源合法性问题，需要判断数据的商业性质。其一，如果企业数据产生于企业的生产经营过程（如传感器采集、平台数据接口收集等），需要考察是否存在其他实体同时参与到生产过程并收集了数据（这是共享经济模式中可能出现的现象），如果不存在上述情况，一般而言默认数据来源具有合法性。但是企业在资产登记、入表时，也需提供数据收集链路的说明。其二，当企业获取数据的渠道来自其他企业时，需关注两点：对方企业的数据是否公开；获取行为是否得到对方企业的授权。首先，如果数据非公开且未经授权获取，该数据属于对方企业的商业秘密，因此这一获取行为违反了《中华人民共和国反不正当竞争法》。目前市场上存在大量非法爬取或转售数据等现象，企业间就数据来源和控制权问题频频发生争执，如"顺丰菜鸟数据大战""腾讯华为数据之争"。其次，如果数据公开，但对方企业并未授权，该获取行为是否就合法呢？也未必。这取决于我们如何界定"公开数据"这一概念。如果数据所含信息在网站等平台上得到展示，但展示信息的企业在用户协议中明确禁止对网站信息的抓取，那么即便该信息对所有访问者可见，未经授权通过爬虫等技术手段进行抓取也是非法的，美国"领英诉 hiQ 案"提供了相应的例证。

至于公共数据的来源合法性问题，可根据公共数据的开放程度分类讨论。如果是完全开放的公共数据，一般不存在来源合法性问题，但正如前文关于资产排他性的讨论，这样的数据不宜确认为企业资产。对于有条件开放、可供开发利用的数据，一般由政府等公共机构授权给企业运营，那么对于被授权企业而言，数据的经营权是企业的重要资产。此外，公共机构与企业间还可签署许可使用协议，彼时企业获得了公共数据的使用权，该使用权可以确认为资产。一般情况下，通过授权运营或许可协议流转的数据资源或权利，具备来源合法性。

最后，我们指出，数据资产登记是企业证明待确认的数据资产符合《财务报告概念框架》要求的有效方式。登记内容应主要着眼于《财务报告概念框架》中数据的来源、权属及收益的合法合规性。同时，企业数据资产登记也为潜在的数据权益纠纷和数据来源争议留存证据。下一章中，我们将重点介绍数据资产登记制度与实践。

第三章　数据资产登记

　　数据资产登记是开展数据资产评估、数据资产入表、数据资产质押等活动，进而构建数据资产生态体系的基础与前提。数据资产登记活动由登记机构受理，旨在通过登记行为将企业持有的数据资产在登记系统里予以记载并在全社会范围内予以声明和公示。由于数据资产不同于一般资产，数据资产登记制度既具有传统资产登记的基本功能，又需要引入新技术、新方法、新规则。目前，国内的数据资产登记实践已陆续启动，而与之配套的顶层设计、理论研究尚处在萌芽阶段，数据资产登记的规范化、体系化发展呼唤制度创新与理论创新。在此背景下，本章将重点介绍数据资产登记的意义与方案、数据登记的制度与实践、数据资产登记机构及体系建设等内容，并据此提出发展数据资产登记的对策建议。

第一节　数据资产登记的意义

　　数据资产登记是提供数据权利凭证、厘清数据权属，维护数据权益的可靠手段。①数据的权属关系往往比较复杂，数据从产生、采集、存储、加工，直至形成最终的产品与服务，需要个人、企业、国家等不同主体的深度参与。为此，明确界定每一环节中数据的权属及相应的权利义务关系显得十分重要。不同于一般商品和要素，数据具有可复制性、非竞争性，数据复制的边际成本接近于零（熊巧琴、汤珂，2021）。当不存在竞争关系时，一个企业使用某数据集并不妨碍其他企业同时使用该数据集。也就是说，数据的价值通常不随使用者的增多而降低（Moody 和 Walsh，1999）。这就使得数据侵权、数据泄漏的成本较低而收益较高，给原本就困难的数据确权又增加了客观挑战。基于此，数据资产登记提供了一条实现数据资产权属声明、确认和存证的有效方式。企业可以通过对数据资产的登记来申明企业对数据的持有权、使用权或收益权。一方面，企业可通过机构官网公示、展示登记凭证等方式，主动向外界表明自身对数据资源的权利；另一方面，当企业被动地面临侵权问题时，数据资产登记又使得争议解决有据可考。此外，数据资产登记需要对数据进行核验，主要验证数据的真伪及数据登记与数据本身的一致性，由此更好地维护企业对其数据要素的合理合法权利。

数据资产登记推进数据资产化、数据要素化进程。类比资本市场中一级市场和二级市场的架构，数据生态中也存在两级市场体系。其中，与数据资产相关的市场是一级市场，也即发行市场或初级市场，解决的是将数据资源变为数据资产，从而进入交易市场的问题；与数

---

① 参考我国著作权自动取得制度，当作品创作完成后，只要符合法律上作品的条件，著作权即产生。著作权人可以向我国著作权管理部门申请对作品著作权进行登记，但登记不是著作权产生的法定条件。因此，在这里我们将数据资产登记界定为提供数据权利凭证的手段，而非数据权属产生或确定的手段。

据产品、数据服务相关的市场是二级市场，也即流通市场，解决的是数据资产的加工、组合、增值问题，通过数次地流转与共享充分释放数据要素的经济价值。可以预见，没有成熟完善的一级市场，二级市场就无法发展壮大，数据资源的活力就无法涌流。数据资产登记正是数据相关一级市场生态建设的关键举措。通过登记，数据要素就具有了权利归属的"资格证"和数据产品的"入场券"，可以在数据市场上自由流通。此外，在数据资产化过程中，全流程产业链还包括数据质量评估、数据价值评估、数据资产入表、数据质押、数据信托等下游环节，这些环节都严格依赖于数据资产的登记。在数据资产登记确权后，企业才能相应开展数据的评估、入表和质押。当数据要素被确认为数据资产后，建立在资产价值基础上的评估、质押等活动才具有意义。可见，数据资产登记是激活数据资产化、数据要素化进程不可或缺的关键步骤，对打通数据产业全链条，充分激发数据要素动能意义重大。

数据资产登记是规范市场秩序、实施行政监管的必要环节。随着数字经济的发展，个人、企业、国家产生的数据量将呈指数爆炸式增长。据估计，2025 年中国将拥有全球最大的数据圈。① 数据生态的稳定健康运行，离不开严密高效的数据监管，而数据资产登记将便于行政监管的开展。其一，数据资产登记设立了一个数据市场的准入机制，只有经过登记、权属关系明确、历史信息清楚的数据资源，才能进一步流向数据产品和服务的交易市场。如此一来，数据资产登记将

---

①　2019 年 2 月 21 日，国际数据公司（IDC）联合希捷科技发布了《IDC：2025 年中国将拥有全球最大的数据圈》白皮书。据 IDC 白皮书预测，2018 年至 2025 年中国的数据圈将以 30% 的年平均增长速度领先全球，预计在 2025 年中国数据圈增至 48.6ZB，占全球数据圈的 27.8%，成为最大的数据圈。

那些溯源不清、权属不明的数据要素排除在市场以外，使得数据市场具有规范性和高质量。其二，数据资产登记建立了数据的"资源池"，监管机构可以随时掌握数据资源的总量、分布及配置状态，据此把握数据经济的运行状况，及时制定并出台相关政策措施以促进数字经济的发展，实现市场机制和宏观调控的有效结合。其三，数据资产登记也为解决数据纠纷、进行数据仲裁提供了直接的证据。数据资产登记机构作为独立第三方，往往客观、公正地记录了数据资产的权属关系，通过区块链等技术手段实现存证，为潜在的权属纠纷提供了坚实的互联网证据。可以说，数据资产登记建立了从市场准入、市场运行到市场监管的强有力支撑机制，为解决数据资产化进程的痛点提供了很好的解决方案。

第二节 数据资产登记的内容与程序

一、数据资产登记的含义

根据自身物理特征和权利设置的不同，可以将"物"或"资产"划分为不动产和动产。《中华人民共和国物权法》（以下简称《物权法》）第九条规定："不动产物权的设立、变更、转让和消灭，经依法登记，发生效力；未经登记，不发生效力，但法律另有规定的除外。"也就是说，不动产的物权转移和其他权利设置必须以登记的方式进行。与之形成对比的是，针对动产，《物权法》第二十三条、第二十四条规定如下，"动产物权的设立和转让，自交付时发生效力，但法律另有规定的除外"，"船舶、航空器和机动车等物权的设立、变更、转让和消灭，未经登记，不得对抗善意第三人"。简言之，动产的转移以交付为手段，而部分特殊动产仍需借助登记的管理形式。数据资产因其可流动性、可复制性和非竞争性，具有动产的典型特征。然而，数据资产无物理实体、权属关系复杂的特点，又使其成为动产中的特殊类型。数据资产同船舶、航空器和机动车等一样，需通过登记来对抗善意第三人。

根据《辞海》（第七版）的释义，所谓"登记"，即把有关事项写在特备的表册上以备查考。《不动产登记暂行条例》对"不动产登记"的解释为：不动产登记机构依法将不动产权利归属和其他法定事项记载于不动产登记簿的行为。在普遍意义上，登记可以创设行政或法律效力，以实现行政监管、产权明晰、市场规制等特定目的。所谓"数据资产登记"，是指权利人或其代理人出于保护自身权利的需要，根据某种法律或规定，在登记系统或机构将有关数据资产持有事实予以记载，并通过登记系统或机构进行公示的行为。需要指出的是，虽然 2022 年出台的"数据二十条"中已经指出，要"研究数据产权登记新方式""建立健全数据要素登记及披露机制"，截至 2023 年 3 月，我国的数据资产登记实践仍缺少相关法律依据。为此，加快推进数据资产登记的法律法规和政策条例建设，将成为目前推进数据资产登记制度化、规模化，从而激活数据要素市场、筑牢数字经济根基的重要举措。

二、数据资产登记的对象

数据资产登记的对象是作为资产的数据；这意味着，并非所有数据都属于数据资产。只有符合会计准则的规定，满足数据历史信息清晰、具有控制权、数据与其未来收益相关这三个条件，数据才能成为数据资产，继而通过登记公示和记录权属。此外，在本章中我们所强调的数据资产登记，是针对企业法人的数据资产的登记，而非自然人、事业单位法人、社会团体法人或非法人组织等的数据资产或数据资源的登记，也非企业法人的数据产品、数据服务的登记。[①] 理解这一点，对把握数据资产登记的关键意义及其实施程序至关重要。

三、数据资产登记的内容

数据资产登记的内容可以归纳为四个方面：企业基本信息、数据特征、权利路径（数据溯源信息）与范围、数据样本信息。

在企业基本信息板块，应记录企业名称、统一社会信用代码、单位地址、经营范围、企业负责人姓名及联系方式等。通过对企业基本信息的掌握，在确保登记主体为合法合规企业实体的基础上，可以基本判断数据与该企业经营业务之间是否具有相关性。

在数据特征板块，需要详细刻画数据的各方面特点，在不呈现数据本身的情况下尽可能对数据做充分描述，建立起企业数据资源的画像。具体包括：（1）数据名称。（2）数据类型，区分结构化数据和文本、图像、视频、音频等非结构化数据。（3）数据大小，针对结构化数据，需要记录数据的文件大小、数据条数、覆盖的时间范围等信息；针对文本、图像类型的非结构化数据，需要记录文件大小、文本或图像数量、时间范围等信息；针对视频、音频类型的非结构化数据，则需登记文件大小、视频或音频长度、时间范围等信息。（4）数

---

① 数据产品或服务应该在数据交易场所登记。

据所属行业，依据通行的行业分类标准，将经济活动细分为 20 个门类、97 个大类和 473 个中类[①]，以准确定位数据的行业特征，一个数据可同时包括多个行业。（5）数据关键词，选取最能代表数据特征的词汇，方便定性数据特征，同时满足数据需求方检索需要。（6）数据描述，用自然语言高度概括数据的来源、内容、特征、用途等信息。（7）数据形态，静态数据保持数据内容的固定性，动态数据具有实时更新的特征。（8）数据收益实现路径，包括但不限于出售原数据、交易数据产品、提供数据接口 / 数据咨询 / 营销触达等服务、数字租金[②]、作价入股等，若数据无法与登记主体增收产生联系，则数据无法被认定为是该主体的资产。（9）数据安全属性，数据分为涉密和未涉密两类，涉密类型分为个人隐私、商业秘密和国家机密。涉及国家机密和重大公共利益、可能危害国家安全的企业数据不予登记。[③]

　　在权利路径（数据溯源信息）与范围板块，通过收集相关信息，对数据的来源、历史信息进行辨析，同时对登记主体是否拥有数据的控制权进行判断。该板块需要登记的信息包括：（1）权利类型，具体来讲，根据《关于构建数据基础制度更好发挥数据要素作用的意见》，将数据权利划分为数据资源持有权、数据加工使用权、数据产品经营权，数据权利人只需拥有持有权（自益）[④]、使用权或经营权其中的一项权利，即可满足会计准则中对资产的"控制权"要求。（2）权利路

---

　　① 详见《国民经济行业分类》（GB/T 4754—2017）。

　　② 参考谢富盛等（2021）、Vercellone（2008）、Birch（2020）、Sadowski（2020）等学者的观点，数字租金是指平台企业能够将知识、数据等虚拟商品私有化并转化为资产，通过对特定资产的所有权、控制权和垄断条件来获取租金收入。

　　③ 这类数据可在特定平台上登记。

　　④ 持有权可分为自益和他益，典型的他益性持有权如数据托管机构（如数据中心）对所托管数据的持有权。

径，也即数据来源，包括自产、购买、采集、授权等方式，若属于购买、客户授权，则需要提供相应的购买证明、授权证明以保证来源合规。（3）权属限制，区分独家权属和非独家权属，以判断数据的排他性。（4）权利范围，包括权利的时间范围和使用场景限制。

在上述几方面信息的基础上，为了满足实质审查（数据核验）的目的，登记主体还应配合进行数据采样和数据审查。

四、数据资产登记的主体

数据资产登记的主体为拥有数据资产持有权（自益）、使用权或经营权其中一项及以上权利的企业。在数据资产登记的服务中，企业以"需求方""申请方"的形式出现，通过对自己所控制的数据资产进行登记，申明其对数据资产的权利，达到扩充企业资产总价值的目的，便于开展数据交易、数据入表和数据质押等环节的业务。

五、数据资产登记的程序

数据资产登记可以分为声明登记和权利登记，声明登记只涉及对登记材料的形式性审查，而权利登记需要就数据登记内容的真实性以及数据的合法性进行实质性审查。权利登记包括首次登记、变更登记和注销登记。其中，变更登记包括内容变更登记、许可使用登记、数据转让登记和数据质押登记。首次登记是对申请人数据权属的首次确认与声明，在数据资产登记类型中居于基础地位，其主要程序包括登记申请、登记受理、形式审查、实质审查（如需要）、登记公示和凭证签发六个步骤，具体如下。

（1）登记申请。登记主体向数据资产登记机构提出资产登记的申请，一般进行网上申报。申请人应填写《数据资产登记申请书》，配合完成关于企业基本情况、数据特征、权利路径与范围等信息的收集，录入数据形态，构建数据资产画像。同时，登记主体应提供各项支撑材料，包括数据授权等合规证明，以自证数据资产权属。

（2）登记受理。数据资产登记机构受理登记主体提出的数据资产登记申请，审查《数据资产登记申请书》，驳回信息缺失、恶意申请的登记请求。在确认申请主体的企业信息、数据资产信息基本完整可信后，发起审查工作。

（3）形式审查。登记机构对前述材料进行形式性审查，对申请材料齐全、符合法定形式要求的予以确认和记载，可借助人工智能等方式。审查内容主要包括数据登记信息与申请登记的数据相关权利状况是否一致；有关证明材料、文件与申请登记的内容是否一致；登记申请是否违反法律、行政法规规定。针对声明登记，形式审查通过后直接进入登记公示阶段；针对权利登记，则继续进入实质审查阶段。

（4）实质审查。第三方核验机构向登记主体发起数据采样，登记主体收到采样通知后，可选择线上采样和线下采样两种方式。核验机构审核样本数据的真伪及其与《数据资产登记申请书》描述是否相符。查验无误后，数据资产登记机构给出"予以登记"的意见，并进入公示环节；当查验不符时，核验和登记机构可视情况驳回申请人的登记请求或给予其更正信息、二次申请的机会。

（5）登记公示。数据资产登记机构在公示期内将符合登记要求的数据资产进行公示，线上官网公示与线下窗口公示同步进行。公示期内，各社会主体均可查询数据资产的公示信息，对资产权属、资产安全属性存在异议的，可向登记机构提出申诉，登记机构进行再度核验审查。公示期内，未接到申诉的数据资产，进入凭证签发阶段。

（6）凭证签发。登记机构在公示期结束后即时制证，登记主体签领数据资产登记凭证后，登记程序履行完毕。

除此以外，当原登记内容发生变化或需更正原登记内容的，相应登记主体应及时向登记机构申请内容变更登记；登记权利人许可他人使用数据的，被许可人可以申请办理许可使用登记；登记权利人为开展生产经营活动或者作价出资活动向他人转让数据经营权或者一般财产权的，受让人可以申请办理数据转让登记；登记权利人以数据一般财产权和数据经营权出质的，质权人可以向登记机构申请数据质押登记。当企业数据资产灭失、企业主动放弃数据资产权利、企业破产或数据资产被没收等情况发生时，登记主体应提出数据资产注销登记申请。与首次登记类似，变更登记和注销登记也需要相应遵循登记申请、登记受理、登记审查、登记公示、凭证签发／销毁的程序。

六、数据资产登记的结果

参考《作品自愿登记试行办法》对著作权登记的规定以及《中华人民共和国民法典》（以下简称《民法典》）第二百一十六条、第二百一十七条对不动产登记结果的规定，数据资产登记结束后，应形成数据资产登记凭证和数据资产登记存证簿。

数据资产登记凭证为登记主体所持有，是数据资产权属登记确认的法律依据，分为数据资产声明登记证书和数据资产权利登记证书。数据资产登记存证簿为登记机构所持有，作为数据资产登记的溯源、备案记录。当数据资产登记凭证与登记存证簿发生冲突时，除有证据证明登记存证簿确有错误外，以登记存证簿所记录的信息为准。登记存证簿应该包括数据登记全流程的记录，特别是要通过区块链存证的方式保留登记证据，一般证据保留的时间应超过 20 年。

第三节　数据登记制度与实践

一、国内数据登记现行制度

目前，数据资产登记仍作为一项新生事物而存在，关于数据资产登记的研究仍处在起步阶段，数据资产登记的制度、法律法规、标准体系建设尚不成熟，关于数据资产登记和数据产品登记的区别也尚未得到重视。为了厘清我国数据资产登记的发展脉络，我们梳理了国内关于数据登记(包括数据资产登记和数据产品登记) 的各类制度规章，总结如下。

2016 年 12 月 15 日，国务院出台《"十三五"国家信息化规划》，首次提出要"完善数据资产登记制度"①。该规划发布后，我国关于数据资产登记的制度探索由此正式拉开帷幕。

2017 年 7 月 10 日，《贵州省政府数据资产管理登记暂行办法》印发，成为我国首个政府数据资产管理登记的办法。该办法规定了政府数据资产登记的含义、登记范围、政务服务机构职责和领导机构，明确了"统一平台、分级管理"的组织原则，强调由省级政府数据资

① 《国务院关于印发"十三五"国家信息化规划的通知》，2016 年 12 月 15 日，见 http://www.gov.cn/gongbao/content/2017/content_5160221.htm。

产登记机构建立全省政府数据资产登记信息管理基础平台。①

2020年3月30日，中共中央、国务院发布《关于构建更加完善的要素市场化配置体制机制的意见》，提出"发展数据登记结算等市场运营体系"的任务，将数据资产登记上升为数据市场建设的重要内容。

2021年12月27日，中央网络安全和信息化委员会印发《"十四五"国家信息化规划》，明确提出要"探索建立统一规范的数据管理制度，制定数据登记、评估、定价、交易跟踪和安全审查机制"，进一步强调"发展登记结算等市场运营体系"②。此前出台的《"十四五"大数据产业发展规划》③和《"十四五"数字经济发展规划》④同样提到了要建立健全数据资产登记结算市场运营体系。

2022年12月2日，作为我国数字经济发展里程碑式事件的"数据二十条"发布。"数据二十条"明确强调要"研究数据产权登记新方式""建立健全数据要素登记及披露机制"，部署了数据资产登记的新发展要求。

2023年2月27日，中共中央、国务院印发了《数字中国建设整体布局规划》，再次明确要"加快建立数据产权制度"⑤。同年3月16

---

① 《贵州省政府数据资产管理登记暂行办法》，2017年7月10日，见 http://kgxj. haikou.gov.cn/zcfg/zxjd/201707/t575003.shtml。

② 《"十四五"国家信息化规划》，2021年12月27日，见 http://www.cac.gov.cn/2021-12/27/c_1642205314518676.htm。

③ 《工业和信息化部关于印发"十四五"大数据产业发展规划的通知》，2021年11月15日，见 http://www.gov.cn/zhengce/zhengceku/2021-11/30/content_5655089.htm。

④ 《国务院关于印发"十四五"数字经济发展规划的通知》，2021年12月12日，见 http://www.gov.cn/zhengce/content/2022-01/12/content_5667817.htm。

⑤ 《中共中央　国务院印发〈数字中国建设整体布局规划〉》，2023年2月27日，见 http://www.gov.cn/zhengce/2023-02/27/content_5743484.htm。

日,《党和国家机构改革方案》提出由国家数据局负责协调推进数据基础制度建设。

近年来,全国各地积极响应发展数据资产登记的政策号召,以"数据条例""数字经济促进条例"等地方性法规的方式提出发展数据资产登记的任务、步骤,相关指导意见和实施方案也陆续出台。如《北京市数字经济促进条例》指出,要"推进建立数据资产登记和评估机制,支持开展数据入股、数据信贷、数据信托和数据资产证券化等数字经济业态创新"[①];《广州市数字经济促进条例》则提出,"建立数据资产评估、登记、保护、争议裁决和统计等制度,推动数据资产凭证生成、存储、归集、流转和应用的全流程管理"[②]。

在法律法规、制度建设的同时,关于数据资产登记的国家标准、行业标准、地方标准、团体标准的制定工作也在探索推进。2021 年 10 月,全国首个有关数据资产管理的国家级标准《信息技术服务数据资产管理要求》(GB/T 40685—2021)发布。[③]2022 年 7 月,由山东数据交易流通协会编制的《数据产品登记信息描述规范》(T/SDME 01—2022)、《数据产品登记业务流程规范》(T/SDME 02—2022)两项数据登记团体标准正式发布。[④]2022 年 11 月 1 日,由天津市互联网金融协会组织编制的《数据资产登记、存证、确权业务标准》(T/TJIFA 003—2022)团体标准正式发布,在建立数据资产登记规范的道路上迈出了

---

① 《北京市数字经济促进条例》,2022 年 12 月 14 日,见 https://www.beijing.gov.cn/zhengce/zhengcefagui/202212/t20221214_2878614.html。

② 《广州市数字经济促进条例》,2022 年 4 月 6 日,见 http://www.gzqw.gov.cn/c/tyzx/llzcllzc/37372.jhtml。

③ 该国家标准规定了数据资产的管理总则、管理对象和管理过程(包括资产目录管理、识别、确权、应用、盘点、变更、处置、评估、审计、安全管理)。

④ 两项团体标准规定了进行数据产品登记时的登记业务流程、业务环节、审核要求等内容,适用于开展数据产品登记业务的各单位进行信息规范及共享。

创造性的一步。①2023 年 2 月 17 日，深圳市发展和改革委员会发布了《深圳市数据产权登记管理暂行办法》（征求意见稿），从登记主体、登记机构、登记行为、监督与管理等方面规范数据产权登记行为。②

二、国内数据登记实践

根据黄丽华等（2022）的梳理，我国数据登记的实践兴起于政务数据领域，旨在通过数据登记促进政务数据的目录式资源管理和数据开放共享。自贵州省发布政府数据资产管理登记办法后，多个省市也先后开展对政务数据的登记管理，尝试建立起社会数据目录。近年来，数据资产登记不再限于政务数据，对广大企业的数据资产进行登记确权成为盘活企业数据资产，助力企业数字化转型，推动数字经济发展的题中之义。

2020 年，山东省试点推行数据产品登记制度，在全国范围内率先打造数据产品登记平台，探索"先登记、后交易"的模式。通过产品登记，保障数据产品安全合规、有迹可循，同时建立起企业数据产品目录，以帮助企业获得在资产评定、融资、政策等方面的便利。2021 年，上海数据交易所首次发行数据产品登记凭证，实现一数一码，做到可登记、可统计、可普查。③2022 年，北京国际大数据交易

---

① 天津市互联网金融协会：《数据资产登记、存证、确权业务标准》，2022 年 11 月 1 日，见 http://www.ttbz.org.cn/pdfs/Index/?ftype=st&mps=69934。

② 《深圳市发展和改革委员会关于公开征求〈深圳市数据产权登记管理暂行办法〉（征求意见稿）意见的通告》，2023 年 2 月 20 日，见 http://sf.sz.gov.cn/attachment/1/1248/1248978/10436031.docx。

③ 《上海数据交易所揭牌成立》，2021 年 11 月 30 日，见 https://www.ndrc.gov.cn/fggz/dqjj/sdbk/202111/t20211130_1306134.html。

所数据资产登记中心揭牌成立，旨在为数据资产发放"入场证"，确定"发行价"，探索建设数据资产登记—评估—交易—增值的产业链体系。同年，贵阳大数据交易所也开始发放数据要素登记凭证。不难发现，近几年关于企业数据产品、数据资产、数据要素登记的实践正在全国各地呈多点式启动并扩散开来。

三、国外数据登记现状

根据各项调研，参考《全国统一数据资产登记体系建设白皮书（2022）》[①]，我们发现，与我国不同的是，国外没有数据资产登记相关的探索与实践，也未建立起数据资产登记的运作平台。围绕数据管理问题，欧美主要就政府数据开放平台和商业性数据交易平台开展实践探索，建立起 Data.gov 等政府机构数据公开网站以及 Lotame、BDEX、Dawex、IDS、JDEX、Advaneo、AWS、Datarade 等数据交易平台（Azcoitia 和 Laoutaris，2022）。

第四节　数据资产登记机构及体系建设

一、数据资产登记机构的功能

数据资产登记机构受理登记主体的登记申请，根据申请人所提供的数据描述画像、数据样本与其他支撑材料，给定审核意见，并发放

---

① 上海数据交易所研究院：《全国统一数据资产登记体系建设白皮书（2022）》，2022年11月25日，见 https://mp.weixin.qq.com/s/nsKYACL4zveo7ro3SC5_DQ。

数据资产登记凭证。具体来讲，数据资产登记机构的核心功能可以归纳为以下五个方面。

第一，事项声明。数据资产登记机构的核心功能即处理登记主体的资产登记申请，在形式审查合规和公示无异议后，为合规数据资产的申请人制作并发放资产登记凭证。登记机构应对其受理的登记申请和权属声明负责，保障登记全流程合法、公平、严谨、高效。

第二，实质审查。数据资产登记的可信度直接关系到登记机构存在是否必要。由于企业可能通过伪造数据来增加数据资产数量，或通过对数据进行细微调整进行实质上的重复登记，为此，数据资产登记机构应引入取得实质审查（核验）资格的第三方服务机构来承担审查核验功能，对数据来源和数据交易的真实性、合法性进行核验，并出具独立、客观、审慎的审查报告。核验机构应借助人工和机器智能两种方式。其中，智能核验借助人工智能等审查技术，比对核验数据与已登记数据的相似性、申请人所申报的数据描述与抽样数据样本的一致性。在综合考虑人工核验、智能核验意见的基础上，核验机构将审查报告反馈至登记机构处，由登记机构给出实质审查的最终结果。

第三，登记存证与共享。数据资产登记机构持有数据资产登记存证簿，利用大数据技术手段记录数据资产登记的全过程，为数据资产相关的纠纷提供争议解决的证据；同时，受理异议申诉，进行异议裁决。一个数据资产登记机构的登记结果应该与其他数据资产登记机构实现互联互通。也就是说，数据资产登记机构应该具有互联共享功能，提供与上级系统、其他登记机构之间统一的数据交换接口，由此打通不同数据资产登记平台之间的登记、存证壁垒。

第四，公示公告。数据资产登记机构承担数据资产权属申明的重要职责，因此，公示公告功能不可或缺。登记机构应该允许社会主体查看公示信息及公示详情。

第五，登记证查询。对于那些公示期结束，已经被授予数据资产登记凭证的数据资产，登记机构应提供查询、信息和咨询服务。社会主体可以根据登记证编码、登记主体、数据资产名称等信息进行精确查询，从而便于其进行持续监督，有效促进数据资产登记情况公开和数据资产登记合规发展。

此外，参考 2023 年 6 月深圳市发展和改革委员会公布的《深圳市数据产权登记管理暂行办法》，数据资产登记机构还应部分承担数据资源和数据产品登记管理、运营和维护数据产权登记存证平台、研究完善数据产权登记新方式等职责。

二、数据资产登记和审核机构的关键技术

不同于传统资产登记机构，由于数据的特殊性，数据资产登记机构需要借助大数据相关技术来确保登记过程可信、可追溯、可存证。数据资产登记机构采用的技术手段主要包括区块链、人工智能、公钥密码学和统计学。

区块链提供智能合约和哈希加密技术。智能合约较传统合约而言，具有不可逆性、不可违约性、匿名性和规范性，其运用可以保证数据采样的自动执行，降低共谋的可能性。同时，通过对数据采样样本上链，可以实现安全存储和固证，防止企业篡改数据样本或因数据样本泄漏造成财产损失。

人工智能技术主要用来辅助登记审查。通过自然语言处理、计算机视觉等算法，人工智能可以给出初步的数据评估报告，及时发现伪造、重复登记的数据，确保数据登记描述和数据产生的一致性；同

时，对可能存在涉密泄密安全风险的数据进行警示。在智能评估报告的基础上，登记机构再进行人工判断，不仅增加登记审查的科学性、准确性、稳健性，同时还节约部分人力成本。

公钥密码学中非对称加密等加密解密技术的运用，提升了数据资产登记过程的安全级别。这是因为数据在采样和云端存储时，容易遭到盗窃和泄漏，先进加密技术的运用，可以确保企业的数据资产在实质性审查（核验）中得到妥善存储，维护数据登记企业的合法权益。

此外，数据资产登记过程中也要借助统计抽样科学，尤其是双盲抽样技术，保证企业和登记机构都无法人为操纵数据采样过程，提升数据采样的随机性、代表性，增加数据核验和审查的公信力。

三、数据资产登记体系的组织模式

相较房屋等不动产和车辆等特殊动产，数据资源数量庞大且增势迅猛，单个数据资产登记机构远远不能满足数据资产登记的需求。为此，应设立数量充足的数据资产登记机构并形成体系，与传统的垄断化、一体化组织模式相比，应建立多中心的数据资产登记组织模式。

传统的一体化模式即由国家牵头设立全国性的数据资产登记机构，由该机构在各省市设立派出子机构，集中受理地方资产登记请求，如国家知识产权局的运营架构。这种层级式的管理模式，便于资产登记标准、登记规范的统一以及登记信息的联通共享。然而，与屡遭争议的专利审查制度一样，单一中心的登记机构组织模式难以容纳迅速膨胀的数据资产登记和实质性审查的需求，在这种模式下，数据资产登记的长周期与低质量问题将成为阻碍我国数字经济运行的重大挑战。

相比之下，多中心的数据资产登记模式将会受到青睐。在这种模式下，地方政府和行业组织可以设立多个数据资产登记中心并开展相关的数据登记业务。该模式借鉴了现行学术期刊、审计机构的组织方法，主要发挥地方和行业力量。在该组织模式下，全国性的数据登记监管机构（国家数据局）发挥制度建设、标准制定、基础设施搭建、争议裁决的主要功能，地方和行业数据资产登记中心则是数据资产登记业务的直接承担者，在遵循统一规范的基础上，通过市场竞争实现登记平台的优胜劣汰。登记的数据资产质量高、争议少的机构，将获得更多的市场采信力，逐步成为行业中坚力量，据此形成有梯度的数据资产登记机构体系，方便不同类型的数据资产选择与自身资产质量相匹配的机构完成登记。这样可化解因数据资产登记工作量大造成的登记机构超负荷运转问题。

第五节　发展数据资产登记的建议

数据资产登记作为数据要素权利彰显的重要手段，在数据要素全产业链中居于上游、基础地位。为了激活数据产业链，发展数据资产登记、培育数据资产已逐渐成为共识。然而，目前我国的数据资产登记仍处在非常初级的阶段，尤其体现在制度建设、法律建设、机构建设的缺失。结合前文的分析，我们建议应着重从以下三个方面出发推进数据资产的登记工作。

加快出台数据资产登记相关条例，完善法律法规建设。数据资产登记需要法律法规依据，目前我国没有针对数据资产登记的专门法律文件和相关规定，而在与数据相关的法律法规中也尚未对数据资产登记作出总体规定。国家应尽快开展对数据资产登记的法律研究，厘清数据资产登记中各主体的权利义务关系，兼顾数据资产的权益保障与流通管理，并在《民法典》《物权法》等法律法规中增补关于数据资产登记的条例，实现数据资产登记有法可依、有法必依。

制定数据资产登记管理办法和国家标准，规范资产登记程序。目前，数据资产登记标准与程序的不统一已成为制约我国数据资产登记规模化、压制数据资产登记积极性的主要原因。虽然各地已逐步探索设立数据资产登记平台，但规则、技术名目繁多，权威性低，认可性差。国家应加快研究出台《全国数据资产登记管理办法》等指导性文件，制定数据资产登记等国家标准、行业标准、地方标准和团体标准。围绕数据资产登记的概念内涵、细化程序、凭证要件与技术体系等问题，形成统一的行业规范，促进数据资产登记的互联互通。

推进数据资产登记机构建设，以地方试点换经验。数据资产登记体系的形成非一日之功，必然要经历一个逐步迭代升级、从不成熟到比较成熟的探索试错阶段。当前，新组建的国家数据局应积极推进数据资产登记试点工作，鼓励依靠地方、行业力量设立数据资产登记机构，尝试建设互联互通的数据资产登记平台。在实践中总结数据资产登记机构的运作方式和组织模式，形成可复制可推广的经验。以试点经验反哺数据资产登记理论研究，从而不断提升数据资产登记的建设水平，切实推动数据资产登记事业步入正轨，形成良好的数据资源底座和数据资产生态。

第四章 数据资产质量评估

数据资产质量是指数据在特定条件下使用时，其特性满足数据应用要求的程度。数据资产质量是影响数据资产价值的重要因素之一，这是因为质量差的数据资产被个人或组织继续使用时，会降低决策的准确性。因此，在评估数据资产价值之前，评估数据资产的质量是重要的一个步骤。本章就数据资产质量评估目的、成果形式、评估内容、评估过程及方法、评估技术和评估过程中遇到的挑战进行详细描述。

第一节 数据资产质量评估的目的和成果形式

数据资产质量评估的目的是评价数据资产的质量，为委托方提供全面的数据资产质量状况报告。具体而言，通过数据资产质量评估，能够达到以下三个方面的目的：（1）评估数据资产的质量：对数据资产的特性进行系统性的评估，主要包括准确性、一致性、完整性、规范性、时效性和可访问性；（2）发现数据资产存在的质量问题：通过数据资产质量评估，发现数据资产中存在的问题；（3）提高数据资产的质量和价值：通过数据资产质量的评估，发现数据资产存在的问题并予以修正，进而提升数据资产的质量和价值。

数据资产质量评估的成果形式通常为详细的专业报告，报告内容主要包含待评估数据资产描述、数据资产质量评估的方法、待评估数据资产的质量评估结果、待评估数据资产的质量评估结论、待评估数据资产中存在的质量问题、提升数据资产质量的建议。其中待评估数据资产描述可以是数据清单，主要包括待评估数据资产的基本信息、数据来源、数据字段等内容。

第二节　数据资产质量评估的内容

2022 年 6 月 8 日，中国资产评估协会发布了《数据资产评估指导意见（征求意见稿）》①，提出了 6 个数据资产质量评估的指标，如图 4-1 所示。

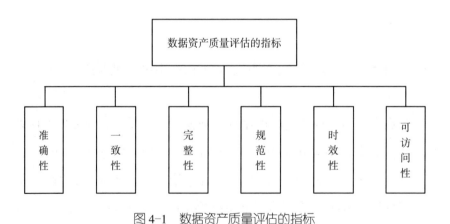

图 4-1　数据资产质量评估的指标

对于图 4-1 中数据资产质量评估的 6 个指标，依据数据与系统之

---

① 中国资产评估协会：《数据资产评估指导意见（征求意见稿）》，2022 年 6 月 8 日，见 http://www.cas.org.cn/docs//2022-06/ff6dd3c0c11442af8490ab507337e8e3.docx。

间的关系，可以划分为固有的数据质量维度和依赖系统的质量维度：
（1）固有的数据质量维度是指与数据自身相关的质量指标，如数据值
的关系、数据的域值和可能存在的限制；（2）依赖系统的数据质量维
度是指数据质量与所使用的技术相关的指标，如数据在系统中可用的
精度、备份软件和迁移工具等。[1][2] 因为数据资产质量的评估指标被
划分为固有数据质量维度还是被划分为依赖系统的数据质量维度与具
体场景相关，所以本节接下来就数据资产质量的 6 个评估指标进行具
体描述。

　　每个具体指标均存在一个指标编号，该指标编号为唯一性编号。
指标编号由一级指标和二级指标共同构成，每级指标由两位数字构
成，如图 4-2 所示。在一级指标中，01 表示准确性、02 表示一致性、
03 表示完整性、04 表示规范性、05 表示时效性、06 表示可访问性。
本节接下来阐述数据资产质量评估中常见的一级指标和二级指标。[3]

图 4-2　指标编号规则

一、准确性

　　数据资产的准确性是指某一数据准确描述其所代表的事物或事件

　　[1]　《系统与软件工程　系统与软件质量要求和评价（SQuaRE）第 12 部分：数据质量
模型》（GB/T 25000.12—2017）。

　　[2]　《系统与软件工程　系统与软件质量要求和评价（SQuaRE）第 24 部分：数据质量
测量》（GB/T 25000.24—2017）。

　　[3]　《信息技术　数据质量评价指标》（GB/T 36344—2018）。

的程度，数据资产准确性的二级指标主要包括数据内容的正确性、数据格式的合规性、数据的重复率、数据的唯一性和脏数据的出现率。数据资产质量中准确性的具体指标解释如表 4-1 所示。

表 4-1　数据资产准确性的二级指标

指标编号	准确性的二级指标	指标含义
0101	数据内容的正确性	数据内容是否为预期数据
0102	数据格式的合规性	数据格式是否满足预期要求
0103	数据的重复率	数据中字段、记录、文件或数据集的重复程度
0104	数据的唯一性	数据中字段、记录、文件或数据集的唯一性程度
0105	脏数据的出现率	数据中字段、记录、文件或数据集中无效数据的程度

在表 4-1 中，数据格式主要包括数据类型、数值范围、数据长度和数据精度等。一个具体的脏数据例子为：当某一信息系统在发生步骤回滚时，由于设计机制的不完善而出现了无效数据。

二、一致性

数据资产的一致性是指在描述相同事物或事件时，不同数据集间的不矛盾程度，数据资产一致性的二级指标具体包括相同数据的一致性和关联数据的一致性。数据资产质量中一致性的具体指标解释如表 4-2 所示。

表 4-2　数据资产一致性的二级指标

指标编号	一致性的二级指标	指标含义
0201	相同数据的一致性	相同数据在不同位置存储时、或被不同应用调用时、或被不同用户使用时，数据所表现出的一致性
0202	关联数据的一致性	根据一致性的约束规则，检查关联数据之间的一致性，主要包括逻辑关系的检查

为了保证相同数据的一致性，需要在数据发生改变时，存储在不同位置的相同数据被同步进行修改。为了保证关联数据的一致性，需要检查不同对象的数据值之间的逻辑关系，比如某一公司破产的日期应该大于等于该公司创办的日期。

三、完整性

数据资产的完整性是指数据资产中数据元素被赋值的程度，数据资产完整性的二级指标主要包括数据元素的完整性和数据记录的完整性，这两个二级指标的解释如表 4-3 所示。

表 4-3　数据资产完整性的二级指标

指标编号	完整性的二级指标	指标含义
0301	数据元素的完整性	根据具体业务要求，数据资产中应被赋值的数据元素的赋值程度
0302	数据记录的完整性	根据具体业务要求，数据资产中应被赋值的数据记录的赋值程度

在表 4-3 中，确定数据元素的完整性程度可以检查如下三个方面：（1）数据类型的限制：检查每个数据元素是否存在特定的数据类型，如整数、字符串、日期等。（2）非空限制：检查每个数据元素是否可以出现空值。（3）唯一性限制：检查每个数据元素是否必须是唯一的。在确定单个数据元素完整性的基础上，通过检查多个数据元素的完整性可以确定数据记录的完整性程度，具体检查方式可以通过如下三个方面：确定每个数据记录的必要字段、检查数据记录中字段的约束条件（如防止空值、重复值和无效值）、检查数据记录索引的唯一性。

四、规范性

数据资产规范性的二级指标主要包括数据标准、数据模型、元数据、业务规则、权威参考数据和安全规范等，这些指标的具体解释如表 4-4 所示。

表 4-4　数据资产规范性的二级指标

指标编号	规范性的二级指标	指标含义
0401	数据标准	数据资产符合数据标准的程度
0402	数据模型	数据资产符合数据模型的程度
0403	元数据	数据资产符合元数据定义的程度
0404	业务规则	数据资产符合业务规则的程度
0405	权威参考数据	数据资产符合权威参考数据规则的程度
0406	安全规范	数据资产符合安全和隐私方面规则的程度

在表 4-4 中，数据标准主要包括国际标准、国家标准、行业标准、地方标准和相关规定等，在满足上述标准和规定的地方不仅体现在数据资产的内容中，而且应该体现在围绕数据资产的全过程中，具体包括数据资产的命名、创建、定义、更新和归档。除此之外，在对旧的数据资产进行销毁时也应该根据详细且具体的规定进行指定与执行。数据模型是描述数据结构的方式，用于判断数据资产的组织形式是否清晰且可理解。元数据主要是指数据资产中的元数据文档，该文档主要描述数据资产中的字段名称、字段类型、字段值域、字段描述等内容。业务规则定义了数据资产必须遵守的规则和条件，旨在确保数据的准确性、完整性、一致性和合规性，以满足特定的业务需求和法规要求。权威参考数据是指用于验证和比较数据的规范性要求的标准或权威数据源，主要包括行业标准、法规要求、组织内部的规范、

政府发布的数据标准等。安全规范主要包括数据资产的权限管理和数据资产的脱敏处理。

五、时效性

数据资产的时效性是指其在真实反映事物或事件过程中的及时程度，数据资产时效性的二级指标主要包括基于时间段的正确性、基于时间点的及时性、时序性，这些指标的具体解释如表 4-5 所示。

表 4-5　数据资产时效性的二级指标

指标编号	时效性的二级指标	指标含义
0501	基于时间段的正确性	数据资产在具体要求的日期范围内，其记录的数量和频率的制定满足业务需求的程度
0502	基于时间点的及时性	数据资产在具体要求的时间点上，其记录的数量、频率的制定、延迟的时间满足业务需求的程度
0503	时序性	数据资产中相同实体的数据元素间满足相对时序关系的程度

六、可访问性

数据资产的可访问性是指其能够被用户或应用正常访问或使用的程度，数据资产可访问性的二级指标包括可访问和可用性，具体指标的解释如表 4-6 所示。

表 4-6　数据资产可访问性的二级指标

指标编号	可访问性的二级指标	指标含义
0601	可访问	数据资产在业务需要时的可获取程度
0602	可用性	数据资产在预期的有效周期内的可使用程度

七、数据资产质量评估指标的评分方式

对于数据资产质量中每个一级指标下的二级指标，可以通过式（4-1）进行具体评分：

$$S_{ij} = \frac{A_{ij}}{B} \qquad (4-1)$$

其中 A_{ij} 表示数据资产中满足该二级指标要求的元素个数，B 表示待评价数据资产中元素的总个数。

第三节　数据资产质量评估的过程及方法

在评估数据资产质量时，需要依据待评估数据资产的具体情况确定合适的评估方法。本节就数据资产质量评估的一般过程和常用方法进行阐述。

一、数据资产质量评估过程

数据资产质量评估过程主要包括确定数据资产质量的评估指标、数据资产质量的规则定义、建立数据资产质量规则库、实施数据资产质量评估、数据资产质量提升和生成数据资产质量报告，具体流程如图 4-3 所示。

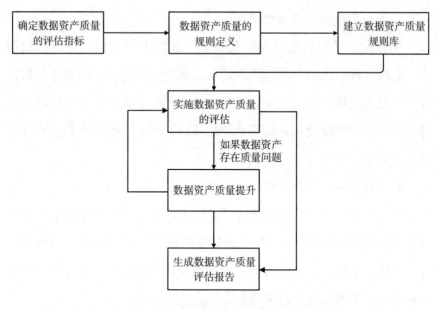

图 4-3　数据资产质量评估过程

1. 确定数据资产质量的评估指标

本章第二节描述了 6 个常用的数据资产质量评估指标，在实际的数据资产质量评估任务中，可以基于实际需求进行数据资产质量评估指标的删减与扩增，可以扩增的指标还包括收益性、安全性、风险性、可追溯性与合理性等（孙俐丽、袁勤俭，2019；尤建新、徐涛，2021）。

2. 数据资产质量的规则定义

基于已确定的数据资产质量的评估指标，根据具体的数据结构和评估需求，定义规则的名称、类型和描述。数据规则是通过语义和语法等方式对数据的范围进行约束。常见的数据规则类型包括以下三类：（1）字段规则，用于校验多列数据资产质量；（2）表级规则，用于校验表内数据资产质量；（3）表间规则，用于校验多个表之间的数据资产质量。在对数据规则进行详细描述后，可编写具体的计算方法。

3.建立数据资产质量规则库

在形成一系列数据规则的基础上，根据不同数据业务评估的需求，形成有针对性的数据资产质量规则集合。在将具体的业务与数据资产质量规则集合进行关联后，形成通用型数据资产质量规则库。数据资产质量规则库能够帮助提升数据质量评估的实施效率并节省评估的时间成本、人力成本与资金成本。

4.实施数据资产质量评估

在形成数据资产质量规则库的基础上，针对具体的数据资产评估对象（数据表或数据库），制定数据资产评估频率（日度、周度等），确定具体的数据资产评估时间，选择恰当的数据资产评估方式（自动实施或人工干预实施）以实施数据资产质量的评估。

5.数据资产质量提升

基于数据资产质量的评估，发现待评估数据资产中存在的质量问题。针对重要性较高的数据质量问题，反馈给数据资产的提供方并限定修改期限。通过多轮的评估与修改过程，有效提升数据资产质量。

6.生成数据资产质量评估报告

针对最终提交版的数据资产，进行数据资产质量评估，并生成数据资产质量评估报告。数据资产质量评估报告主要包括如下三个方面：（1）数据规则的执行情况：对字段、数据表及数据表间的评价结果进行展示，帮助定位元数据的评估情况；（2）具体的评估结果：对各个一级评估指标的二级评估指标的评估结果进行展示，如数据元素的完整性、数据记录元素的完整性等；（3）综合评估结果：基于评价指标的权重和各个评估指标的得分，形成最终的数据质量得分。

二、数据资产质量评估方法

数据资产质量评估通常是一类多准则决策问题，即决策者在多个数据资产质量评估指标的情况下，对有限数据资产进行数据质量的评分、排序和择优。可以用于评估数据资产质量的方法主要包括层次分析法、模糊综合评价法、德尔菲法和最优最劣法。

1. 层次分析法

层次分析法（AHP）由美国学者 Saaty 提出，常用于多准则和多层次的复杂决策任务中。在 AHP 方法中，首先，将与决策相关的元素进行层次化分解，具体分解为总目标层、目标层、子目标层和方案层等层次，在这些层次中，同一个层次包含的元素具有共同的属性，不同层次之间的元素存在相互制约关系。基于相关元素的层次化分解，形成递阶层次结构模型，然后采用优先权重和构造判断矩阵的方法确定每一层次的元素对上一层次元素的权重。在构造判断矩阵的基础上，进行层次单排序、层次多排序以及一致性检验工作，实现对可行方法的排序并选出最优方案。以本章第二节的评价体系为基础，构建的数据资产评价的层次结构模型如图 4-4 所示。

在图 4-4 中，针对数据资产质量评估的层次结构模型包括总目标层、目标层、子目标层和方案层。

（1）总目标层：决策的总目标为综合评估数据资产质量。

（2）目标层：包括 6 个目标，即准确性、一致性、完整性、规范性、时效性和可访问性。

（3）子目标层：在 6 个目标的层次下面各个分为多个子目标。数据资产的准确性分解为数据内容的正确性、数据格式的合规性、数据

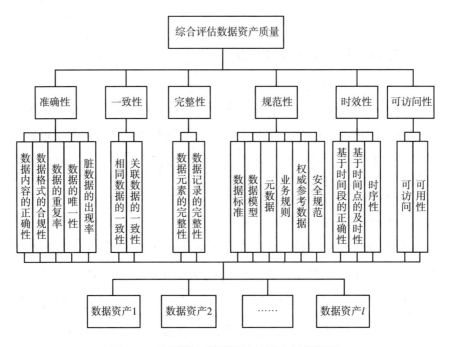

图 4-4 数据资产质量评估的层次结构模型

的重复率、数据的唯一性和脏数据的出现率；数据资产的一致性分解为相同数据的一致性和关联数据的一致性；数据资产的完整性分解为数据元素的完整性和数据记录的完整性；数据资产的规范性分解为数据标准、数据模型、元数据、业务规则、权威参考数据和安全规范；数据资产的时效性分解为基于时间段的正确性、基于时间点的及时性和时序性；数据资产的可访问性分解为可访问和可用性。

（4）方案层：包括待评估的数据资产 1—*l*。

2. 模糊综合评价法

在多个单因素评价的基础上获取某一对象的整体评价称为综合评价。在综合评价的基础上，模糊综合评价法采用模糊数学的隶属度理论，针对不确定性问题中的定性与模糊问题提出解决方案。针对数据资产质量评估问题，模糊综合评价法首先构建因素集和评判集，然后进行单因素模糊评判并由单因素评判组成评判矩阵，最后在数据资产需求方或评审专家确定权重的基础上对数据资产进行综合评价。

3. 德尔菲法

德尔菲法由美国兰德公司提出，通过反馈匿名函询法，对某一问题征得专家的一致意见，从而用于帮助作出科学决策。在进行数据资产质量评估时，首先征得每一位评审专家对被评估数据资产质量的意见，然后对多位专家的意见进行整理、统计和总结，并将汇总的专家意见匿名返回给每一位专家，再次征得每位评审专家对被评估数据资产质量的意见，重复该步骤直到取得专家的一致意见。

4. 最优最劣法

最优最劣法（BWM）由 Jafar（2015）提出，BWM 方法在确认权重时通过将最优准则和最劣准则与其他准则进行两两比较并确定准则的权重。与其他经典的多准则决策方法相比，BWM 方法能够有效缓解不一致问题。关于最优最劣法在数据资产质量评估中的具体过程将在下文详细阐述。

三、数据资产质量评估方法的应用

传统实体资产具有流转速度慢与标准化高的特点。不同于传统实体资产，数据资产具有流转速度快、标准化低、数据类型多等特点。因为不同主体在不同场景中对数据资产质量的要求各不相同，所以数据资产质量的评估指标具有动态性和相对性（尤建新、徐涛，2021）。为了说明数据资产质量评估方法在实际过程中的具体应用，本节以最优最劣法为例，详细展示其对某地区商业银行数据资产质量的具体评

数据资产化

估过程，主要包括如下四步：构建数据资产质量的评估指标体系，确定数据资产质量指标的相对权重，对数据资产质量的各个指标进行评分，对待评估数据资产进行质量评价和排序。

第一步：构建数据资产质量的评估指标体系

假设存在 n 个专家 M_i（i=1，2，…，n），针对 l 个数据集 D_i（i=1，2，…，l）进行评价，此处 n=5，l=5。首先，n 个专家经过讨论协商，确定 m 个评估指标 E={E_1，E_2，…，E_m}，此处 m=6。具体的 6 个数据资产质量评估指标如表 4-7 所示。

表 4-7　数据资产质量评估指标

符号	指标
E_1	准确性
E_2	一致性
E_3	完整性
E_4	规范性
E_5	时效性
E_6	可访问性

第二步：确定数据资产质量指标的相对权重

在确定数据质量评估指标的基础上，每个专家基于自身的经验和行业知识，确定指标的相对权重。第 i 个专家确定指标权重的过程如下所述：第 i 个专家首先判断上述 m 个指标中最重要的指标 E_M^i 和最不重要的指标 E_L^i。然后采用 1-9 量表确定最重要指标 E_M^i 相对于其他评估指标的重要程度，数值越大，表明最重要指标相对于其他评估指标越重要；同样，采用 1-9 量表确定其他评估指标相对于最不重要指标 E_L^i 的重要程度，数值越大，表明其他评估指标相对于最不重要指标越重要。经过专家们独立对上述 6 个评价指标的重要程度比较，E_M^i 与其他指标、其他指标与 E_L^i 指标的重要程度比较结果如表 4-8 所示。

表 4-8　E_M^i 与其他指标、其他指标与 E_L^i 的重要程度比较

M_i	E_M^i 与其他指标						
	E_M^i	E_1	E_2	E_3	E_4	E_5	E_6
M_1	E_5	3	4	9	5	1	7
M_2	E_4	4	3	5	1	7	9
M_3	E_5	7	5	4	3	1	9
M_4	E_4	3	9	4	1	5	7
M_5	E_4	7	5	9	1	3	4
M_i	其他指标与 E_L^i						
	E_L^i	E_1	E_2	E_3	E_4	E_5	E_6
M_1	E_3	7	5	1	4	9	3
M_2	E_6	5	7	4	9	3	1
M_3	E_6	3	4	5	7	9	1
M_4	E_2	7	1	5	9	4	3
M_5	E_3	3	4	1	9	7	5

基于表 4-8，采用最优最劣法（BWM）计算每个专家对每个指标的最优权重。为了确定基于第 i 个专家的第 j 个指标最优权重，$\left|\dfrac{w_M^i}{w_j^i}-E_{Mj}^i\right|$ 和 $\left|\dfrac{w_j^i}{w_L^i}-E_{jL}^i\right|$ 应该最小化，具体而言，通过求解如下模型可以确定指标的最优权重：

$$\min \sigma$$

$$s.t. \quad \left|\frac{w_M^i}{w_j^i}-E_{Mj}^i\right| \leqslant \sigma$$

$$\left|\frac{w_j^i}{w_L^i}-E_{jL}^i\right| \leqslant \sigma$$

$$\sum_{j=1}^{m} w_j^i = 1$$

$$w_j^i \geqslant 0$$

$$j=1, 2, \cdots, m, \ i=1, 2, \cdots, n$$

基于上述模型计算的指标权重结果如表4-9所示。

表4-9 指标权重结果

	M_1	M_2	M_3	M_4	M_5	综合
E_1	0.232	0.147	0.069	0.232	0.069	0.150
E_2	0.147	0.232	0.108	0.039	0.108	0.127
E_3	0.039	0.108	0.147	0.147	0.394	0.167
E_4	0.108	0.404	0.232	0.404	0.404	0.310
E_5	0.404	0.069	0.404	0.108	0.232	0.243
E_6	0.069	0.039	0.039	0.069	0.147	0.073

在表4-9中，综合列表明对 n 个专家的指标权重的综合结果，给定第 i 个专家的权重 a_i，第 j 个指标的最优指标权重如式（4-2）所示：

$$w_j = \sum_{t=1}^{n} a_i w_j^i \qquad (4-2)$$

在本节案例中，n 个专家的权重相同。

第三步：对数据资产质量的各个指标进行评分

在确定指标最优权重的基础上，专家们依据每个评价指标中的具体评分方式对数据资产 D_1，D_2，$\cdots$，D_5 的质量进行评分。指标评分最终转化为10分制，分数越高，表明某一数据资产的质量在该指标中越优。经过数据质量评分计算和专家意见综合，不同数据集的评分结果如表4-10所示。

表4-10 不同数据集的评分结果

	E_1	E_2	E_3	E_4	E_5	E_6
D_1	9	8	8	7	6	10
D_2	8	6	7	9	5	7
D_3	10	8	9	7	10	8
D_4	7	9	10	8	8	9
D_5	9	10	7	8	9	8

第四步：对待评估数据资产进行质量评价和排序

基于指标的权重和各个指标的评价分数，通过加权方式计算出数据资产 D_1，D_2，…，D_5 的分数，分别为 8.058、7.647、9.203、8.944 和 9.040，数据资产质量的排名顺序依次为 D_3、D_5、D_4、D_1 和 D_2。

第四节　数据资产质量评估的相关技术

因为在评估数据资产质量的过程中涉及数据资产的存储、分析与管理等工作，所以数据资产的质量评估需要涉及以下重要技术：数据资产的处理与分析技术、数据资产的全景展示技术、数据资产的溯源建模技术和数据资产的质量管理技术。

1.数据资产的处理与分析技术

在评估数据资产质量时，需要对数据资产进行数据验证和数据集成等工作，这些工作有助于提升数据资产质量评估的效率、准确性和可靠性。其中，数据验证涉及逻辑验证、规则验证和格式验证等技术；数据集成是将不同来源、不同类型与不同格式的数据进行整合，从而有利于后续评估工作的开展。数据资产的处理与分析技术涉及的常用软件包括 Python 语言、R 语言、Excel 软件和 MySQL 软件等。

2.数据资产的全景展示技术

全景展示技术通常是针对实物进行的对周围景象形成的三维全景。数据资产的全景展示技术将分析数据资产的属性信息，具体包括数据资产的业务属性、技术属性和管理属性，从而形成数据资产的多视角、全方位的可视化展示。数据资产全景展示技术的步骤主要包括：分析数据资产的属性信息，定义数据资产向视图转换的规则，设计图形化操作功能，生成数据资产全景视图，对生成的数据资产全景图进行管理与维护。

3. 数据资产的溯源建模技术

数据资产的质量评估往往是静态的，无法实现对数据资产生命周期的各业务节点进行监测。因此，为了实时监测数据资产，有必要采用数据资产的溯源建模技术（梁文等，2016）。数据资产的溯源建模技术对数据资产的收集、处理、分析与形成的全过程进行逐步溯源，形成数据资产的全链视图，从而有利于实时监测数据情况和提升数据资产的质量。

4. 数据资产的质量管理技术

针对数据资产的质量不达预期、质量提升效率缓慢等问题，需要对涉及数据资产的人员、设备与技术进行全方位的协调与管理。[①] 数据资产质量管理的内容主要包括制订管理计划、执行管理计划、对数据质量结果进行检查和分析、对数据质量进行改进；数据资产质量管理的技术主要包括源头管理技术、闭环管理技术以及全面数据质量管理技术（TDQM）。

第五节　数据资产质量评估的挑战

数据资产质量的评估过程往往会遇到一些挑战，主要体现在评估难度和评估成本上。

---

① 大数据技术标准推进委员会：《数据资产管理实践白皮书（6.0 版）》，2023 年 1 月 4 日，见 https://mp.weixin.qq.com/s/N9hjG7Ht3Ko4zs85NtLO6Q。

一、数据资产质量评估的难度

数据资产质量评估的难度主要体现在数据类型的多样性、数据关系的复杂性、数据的不确定性和领域数据的专业性。

1. 数据类型的多样性

数据的类型存在多样性，基于数据的组织结构，数据可以划分为结构化数据、半结构化数据和非结构化数据。结构化数据是指组织形式严格遵循数据的格式与长度要求的数据，常见的结构化数据包括关系型数据库中的数据、具有二维表结构的数据。半结构化数据是指按照一定格式组织、存储和管理的数据，如 XML 数据、JSON 数据等。非结构化数据是指没有明确格式与组织形式的数据，常见的非结构化数据包括文本数据、图像数据、音频数据和视频数据。针对不同类型数据资产自身的特点，运用合理且先进的数据资产质量评估方法与技术将有助于提升数据资产质量评估的准确性、可靠性和效率。

2. 数据关系的复杂性

数据关系的复杂性体现在多个方面，如数据量、数据维度、数据密度和数据流程等。伴随着数据资产中数据量的增多、数据维度的丰富、数据密度的稀疏以及数据流程的繁多，数据间的关系会愈加的复杂，进而对数据资产质量评估工作带来极大的困难与挑战。

3. 数据的不确定性

数据的不确定性主要包括数据缺失（数据集中某些属性或实例的值缺失），数据误差（由于采集、传输和处理方式的差异而导致数据记录值和数据真实值之间存在偏差），数据噪声（指数据在采集、传输和处理过程中由于随机或非随机原因而产生的不相关值和异常值）。在数据资产的质量评估过程中需要考虑数据不确定性产生的原因及情况，从而提高数据资产质量评估的准确性和效率。

4. 领域数据的专业性

数据资产作为生产、经营等活动的生成品，具有领域专业性。数据资源及数据资产丰富的领域包括医疗领域、金融领域、电商领域、教育领域、政府领域、传媒领域和交通运输领域，在评估上述领域的数据资产质量时，除了要求评审专家具备通用的评估知识和能力外，还要求评审专家对领域的专业知识和行业规范有所了解，例如所涉及的领域术语和概念，从而有利于提升数据资产质量评估的可靠性与准确性。

二、数据资产质量评估的成本

在数据资产质量的评估过程中，除了需要解决上述存在的难题之外，还需要考虑成本问题，成本的类型主要包括人力成本、设备成本、时间成本和风险成本。

1. 人力成本

数据资产质量评估需要组建专业的团队，主要包括数据质量评估团队、业务专家团队和法律团队。其中，数据质量评估团队主要负责确定数据资产质量的评估指标、定义数据资产质量的规则、建立数据资产质量的规则库、实施数据资产的质量评估等，数据质量评估团队主要包括数据质量评估专家、数据科学家和数据管理专家等成员；业务专家团队主要负责帮助数据质量评估团队更好地理解不同领域中数据的概念和定义，常见领域包括金融领域、汽车领域、房地产领域和电子商务领域等；法律团队主要负责处理数据隐私、安全性和知识产权等问题，保证数据资产质量评估过程中的合法性和合规性，构建法律团队可以由质量评估公司直接雇佣或者采用外包或合作的方式。

2. 设备成本

数据资产的质量评估不仅需要组建专业的团队，还需要购买专业的设备，这些设备主要包括数据收集与存储设备、数据质量测试设备和数据资产备份与恢复设备等。常用的数据收集与存储设备包括网络服务设备、数据收集设备、电脑服务器、数据存储设备；常用的数据质量测试设备主要是先进的数据质量测试软件，如 Datafold 软件和 Spectacles 软件；常用的数据资产备份与恢复设备包括备份服务器与基于磁带的备份系统。

3. 时间成本

数据资产质量评估过程包括确定数据资产质量的评估指标、定义数据资产质量的规则、建立数据资产质量的规则库、实施数据资产质量的评估、提升数据资产的质量和生成数据资产质量评估报告。上述评估过程需要一定的时间来完成，因此伴随产生时间成本。

4. 风险成本

数据资产质量评估的目标是准确且可靠地提供数据资产质量评估报告，但是在实际评估过程中，由于可能的错误或遗漏，会导致数据质量评估的结果不准确，从而产生额外的风险成本，具体包括误差成本、漏检成本、误报成本、数据安全风险成本和数据隐私风险成本等。其中，误差成本是指数据质量评估可能会存在误差，即评估结果与实际情况存在偏差所产生的额外成本；漏检成本是指数据质量评估可能会存在遗漏，即重要的数据质量问题没有被发现所导致的额外成本；误报成本是指数据质量评估可能报告虚假的问题，即报告结果和

数据资产化

实际结果严重不符所带来的额外成本；数据安全风险成本是指在数据质量评估过程中，可能会发生数据泄露、数据损坏、数据被篡改等数据安全问题所引致的额外成本；数据隐私风险成本是指在数据资产质量评估过程中泄露了一些重要的数据继而产生的额外成本，如用户信息和财务数据等隐私数据泄露将会导致不良影响。在数据资产质量评估过程中发生如上风险均会增加返工成本和增加数据资产质量评估的时间成本。

第五章 数据资产价值评估

资产价值评估是资产价值形态评估的简称，其核心是对评估对象进行价值判断，以估测资产在评估时点的现时价值。资产评估活动指的是专业机构及人员根据法规和准则，在特定场景下，基于某一目的，遵照评估程序，选取适宜的价值类别，运用科学的评估方法，对资产进行评定和估价的过程（俞明轩、王逸玮，2017）。作为一种全新的资产类别，数据资产的形态较为复杂，其价值属性高度依赖于具体的应用场景。此外，现阶段数据要素市场尚处于启动期，数据资产的价值难以通过市场交易价格及时发现，因此更需要科学的评估方案和先进的技术方法对数据资产的价值进行合理的测算。本章介绍数据资产价值评估的含义、基本事项和主流方法。

第一节 数据资产价值评估的含义

在梳理评估方法前，有必要先厘清几个与价值评估相似但不完全相同的概念，以明晰数据资产价值评估的内涵，回应理论与实践中存有的误解与疑惑。其一，简要分析数据资产价值评估与会计计量之间的区别与联系；其二，讨论数据资产价值评估与定价之间的联系与区别。

一、价值评估与会计计量

数据资产的"会计计量"与"价值评估"是两个不同的概念,前者遵循财政部发布的《企业会计准则》,而后者依据中国资产评估协会发布的《资产评估准则》。会计计量主要是以能够可靠计量的历史成本为根据,通常采用核算方法进行计量;而资产评估主要是以资产的市场价值为根据,通常结合多种技术方法进行评估。从价值形态上看,资产评估的结果本质上是资产的公允价值,而会计计量主要关注的是资产初始确认时的成本价值。[①] 所以说,资产评估是市场经济的产物,主要服务于外部融资、企业并购重组、破产清算等商业场景中的资产质押、交易等活动;会计计量则是会计核算的重要环节,其核心在于记录资产的账面价值,为资产入表做准备。

资产评估与会计计量也有一定联系。在一定条件下,资产评估的结果为相关资产会计计量与财务报表数据提供直接来源。2006 年我国颁布的《企业会计准则》,首次全面引入"公允价值"概念,建立了与国际会计准则相兼容的接口。[②] 考虑数据资产的计量,企业在初次取得和后续持有时都需要进行资产账面价值的评估。评估方法的选择,受制于会计确认的规则。因此,应该依据数据经营活动具体场景

[①] 确定资产价值是否公允的标准:只要评估结果与评估对象的状况、评估时期的市场条件相符合,并且没有损害交易各方以及他人的利益,则可认为评估结果是公允的。

[②] 2006 年版《企业会计准则》规定,在投资性房地产、长期股权投资、交易性金融资产、债务重置、非货币性资产交换、非同一控制下企业合并和资产减值等具体准则中允许采用公允价值计量。会计准则要求在满足如下条件时可运用公允价值计量:(1) 该资产存在活跃市场的;(2) 类似资产存在活跃市场的;(3) 如果同类或类似资产也不存在活跃市场的,应采用估值技术确定其公允价值。

中的确认标准，选择评估方法。例如，如果我们将以对外交易产品形态呈现的数据资产计入"存货"科目下，那么在初始计量时需要采用历史成本法，后续计量是采用成本与可变现净值孰低法；如果计入"无形资产"科目下，初始计量时同样需要核算历史成本，但在后续计量中可考虑使用重估值法，即运用资产评估方法得到数据资产的重估价值，并与账面价值进行比较。在第六章中，我们将重点讨论数据资产的确认标准，即"什么样的数据资产应该计入何种资产科目下，采用何种确认规则"这一问题。本章我们暂不考虑会计准则对评估方法选择的限制，仅从一般意义上梳理数据资产的主流估值方法。

二、价值评估与定价

"价值评估"与"定价"有着密不可分的关系，即都是确定某一物品或资产的价值的过程，但二者并不完全相同。陆岷峰和欧阳文杰（2021）、戴炳荣等（2020）指出，数据资产价值评估与定价的区别在于价值形成的市场层次或阶段不同，在一级市场（资源或资产市场）或数据资产化过程中形成的是评估价值，在二级市场（产品和服务市场）或数据资产运营阶段形成价格的过程为定价。左文进和刘丽君（2019）则认为定价的基本视角是市场中产品的卖方；而价值评估则是从数据的资产属性出发，基于评估方法得出的公允价值。尹传儒等（2021）提出数据要素的价值评估和定价是数据要素价值管理过程中有相关性但本质相区别的行为，其中价值评估在前，定价在后，前者是对数据要素使用价值的静态度量，而后者则是数据要素在交易过程（也即数据要素市场）中实现的动态价值。

我们可以从数据价值链的视角考察那些开发成为对外交易的数据

产品的资产，此时数据资产价值评估与定价分属于不同的环节。如图
5-1所示，数据资产估值活动是在资产确认阶段（包括登记、评估、
入表等环节）由第三方评估机构完成的，除测算资产的可变现性外，
还需综合评估成本、应用场景、折旧率、风险等多维指标。如果该数
据资产在未来进一步开发成为对外销售的产品，则考虑在产品市场上
商品的交易价格，并可基于该价格重新测算数据资产的收益流。如果
该资产由企业自用而非对外出售，此时我们无法谈及"资产定价"概
念，但仍旧可以通过估计企业在特定应用路径上使用和不使用数据资
产进行商业决策的期望收益差值来计算数据资产的价值。综上所述，
数据资产价值评估活动中涉及的"价值"，并不是指市场中的某个交
易事实或历史数据，资产价值的判断方式是评估方在特定时段对资产
内在价值的估计，而非确定的实际交换价格。

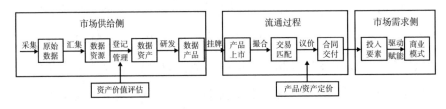

图 5-1　基于数据价值链视角的数据资产估值与定价

第二节　数据资产价值评估的基本事项

根据《资产评估专家指引第9号——数据资产评估》（以下简称
《指引》），数据资产评估应至少明确评估主客体、评估目的、评估假
设、评估的价值类别等。在开展资产评估业务时，需要保证评估目的
与假设、前提条件等的逻辑一致性。考虑到对同一数据资产的评估通

常会同时使用多种方法，因此有必要简要介绍数据资产评估的基本事项，以保证运用多重方法的评估实践在相同的口径下完成。

一、评估的主体与客体

数据资产评估过程中涉及的主体主要包括：委托方、资产控制者、评估方以及评估报告的使用方。通常情景下，委托方往往也是数据资产的控制者，即企业有意愿主动进行数据资产的登记、评估和入表。数据资产的评估方一般由第三方专业服务机构承担。根据上海数据交易所的实践，"数据资产评估服务商"是参与数据要素市场的15类"数商"中的一类，指"对数据价值进行量化评估和审计的企业"，经营业务包含资产评估、财务咨询、审计等（上海市数商协会等，2022）。评估报告的使用方指的是法规或委托合同中规定的拥有评估结果使用权的主体，既可能是委托方本身，也可能是资产交易或转让的对手方。

《指引》第二章明确对评估客体（或评估对象、评估标的）进行了说明。首先，评估方需要自主收集或向委托人、相关当事人索取数据资产的基本状况，如表 5-1 所示。

表 5-1　数据资产评估：基本状况

信息事项	说明
数据资产基本信息	
数据名称	对数据的基本概括
数据摘要	描述数据的主要内容，包括但不限于数据内容、特点以及时间范围
数据关键词	描述数据的关键词语，不超过 5 个
所属行业	说明数据所属的行业类别，可参考 GB/T 4754—2017

信息事项	说明
时间范围	描述数据覆盖的时间区间，如 2022 年 1 月 1 日至 2022 年 12 月 31 日
数据规模	描述数据占据存储空间大小，单位可为 MB/GB/TB 等
数据格式	说明数据是否为结构化数据，说明数据格式
隐私性质	说明数据是否包含个人信息/商业秘密/国家机密，如涉及隐私，请描述数据涉及隐私的具体方面
公共性质	说明数据是否属于公共数据
相关性质	说明本次将要声明的数据和以往数据是否相关，如相关，请描述相关的详细情况
合规性质	说明数据是否被第三方审计过，如有，请提供相关证明
法律状态	说明数据是否有可能违反《中华人民共和国网络安全法》《中华人民共和国数据安全法》《中华人民共和国个人信息保护法》等相关法律，是否与相关数据主体等就本数据有过任何争议，如有，请说明争议处理状态
数据用途	说明数据的用途，数据用途包括但不限于对外提供数据产品或服务，辅助生产/营销决策等
数据权属关系	是否享有数据的使用权，是否享有数据的经营权等
数据预期收益及其实现方式	填写该数据资产能为企业带来的预期收益值，并描述其实现方式
数据溯源	
数据的哈希值	说明数据的哈希值（如有）
数据来源	说明数据的来源是自有数据还是非自有数据，如是非自有数据，请说明是否经过数据所有方的授权许可，并提交相应授权凭证或证明材料
数据生产/采集/获得时间	说明数据的生产/采集/获得时间，可以是时间点也可以是时间段
数据的标识信息	说明数据是否内含水印或签名做出的标识

其次，在评估过程中应重点关注数据资产的技术和商业特征，尤其是形态复杂性、可加工性、价值易变性、非线性折旧等。影响数据资产价值的因素是多样的，包括技术因素、商业因素、风险因素等。其中，技术因素指的是由于数据资产自身的质量、类型等对评估施加

的影响，质量评估的细节已在第四章中重点介绍，此处不再赘述；数据资产的类型也可能影响到评估难度，例如非结构化的数据估值往往更为困难。商业因素是指数据资产在特定商业模式下的价值创造能力，例如是否包含稀缺的商业信息、是否可同时应用于多种场景等。风险因素指的是数据资产蕴含的风险程度，例如数据的隐私保护状态、数据损坏可能性、数据泄露难易度等。数据资产评估时，要综合考虑上述影响资产价值的调整因子（见表5-2）。

表 5-2　数据资产价值调整因子

调整维度	评估指标	评估说明
质量因素	规范性	数据遵循命名、定义、结构等方面的基准，符合业务规则、元数据等的度量
	完整性	数据赋值和记录的完整程度
	准确性	数据内容是否符合预期、数据格式是否合规、数据重复率、唯一性等
	一致性	数据在多种场景下是否同步修改
	可访问性	数据在有需求时是否能够及时获取，及在生命周期内是否可重复使用
	时效性	数据在评估期的价值创造能力是否折损
商业因素	稀缺性	数据所蕴含的商业价值是否稀缺
	场景多样性	数据是否可应用于多种场景
风险因素	技术风险	由黑客攻击、服务器宕机造成的数据外泄、损坏等风险
	管理风险	由企业的数据管理水平决定的数据遗失、泄露等风险
	市场风险	外部经济环境变化对数据资产价值造成的冲击
	隐私风险	包含个人信息的数据内容泄露所引致的隐私成本

二、评估目的

数据资产评估的目的有多种，基于多样的目的评估方会选择不同的资产范围、评估假设、价值类别、评估方法、相关市场等。例如，如果评估是为了为资产交易提供参考，那么在价值类别的选取上应考虑资产的市场交换价值而非使用价值；又如，出于会计计量目的的评估，首先应考虑衡量资产的历史成本。

参考现行无形资产评估的主要场景，评估目的包含如下 6 种（中国电子技术标准化研究院，2022）：（1）交易支持，即数据资产用于实体间交易的场景；（2）授权许可，数据资产的使用权或经营权转让时，需评估权利的价值；（3）会计要求，满足财务报告目的；（4）侵权损失，企业间关于数据资产控制权的法律诉讼中，需认定侵权一方的获利水平以及对被侵权一方造成的损失；（5）并购估价，企业间并购、破产清算等情境下，在监督下完成评估；（6）法律要求，例如在企业 IPO 时往往需披露上市公司无形资产与商业模式的关联等信息。

三、评估假设

数据资产的评估假设是指对评估所依据的事实或者前提条件作出合理的假定。参考无形资产常见的评估假设，列举几个对于数据资产的估值假设：（1）交易假设，假定数据资产已处于市场交易的过程中；（2）公开市场假设，假定数据资产能够在一个竞争充分的市场上自由交易，价格由供求机制确定；（3）持续使用假设，假定数据资产正在使用中，并在未来一段时间内继续得到利用；（4）现状利用假设，依照数据资产现时的用途和使用方式进行评估；（5）最佳利用假设，在法规、技术和财务资源允许的范围内，假定数据资产能够实现最大的经济价值；（6）清算假设，假定企业处于或面临被清算状态时资产被迫变现的价值。此外，还可针对宏观经济环境（利率、汇率、基本政策等）作出稳定性假设。

数据资产的特征、评估目的等都会影响到评估假设的选取。例如，企业自用而非对外出售的统计支持类数据资产，不满足交易假设与公开市场假设。又如，已经产品化的经营性数据资产，宜使用现状利用假设；而具有多种潜在应用场景的资源性数据资产，宜考虑最佳利用假设。总而言之，数据资产的评估假设应基于评估目的、面向资产的特性设计，具备科学性、相关性、针对性。

四、评估的价值类别

数据资产的价值类别指的是评估结果的价值属性。价值类别有狭义、广义之分，如图5-2所示，狭义的价值类别是货币化价值，以货币度量的形式呈现，通常采用成本法、收益法、市场法等基于无形资产评估的方法进行估值；广义的价值类别包含社会价值、效用感知价值、绩效价值等主观价值测度，可运用多种思路、建立多个模型进行估计。

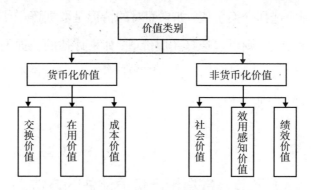

图5-2 数据资产的价值类别

货币化价值是估值实践中更为常见的价值类别。数据的货币化价值主要可分为"在用价值"和"交换价值"（Moody 和 Walsh，1999；Repo，1986）。在用价值指的是依照正在使用的方式与场景，数据资产对所服务项目的经济贡献；交换价值或市场价值指的是在买卖双方自由、理性交易的情形下，数据资产在评估基准日期进行交易的经济价值。如果市场是成熟、活跃的，交易价格便是交换价值的公允反映。交换价值强调市场交易的自愿性、理性和公平性。如 Pei（2020）指出，一个合意的数据交易价格的确定方法，理论上应满足如下 6 个基本原则：（1）价格能够使得买方效用最大化；（2）价格能够使得卖方收入最大化；（3）如卖方是一个联盟，则销售数据要素的收入应当被公平地分配给联盟中的各个成员；（4）不同细分市场或销售渠道不支持套利行为；（5）能够保护买方以及数据要素内含的隐私；（6）能够高效地实现供需匹配。有时也会提及数据资产的"成本价值"（高昂等，2021；Gartner，2015），成本价值就是以成本法测算出的货币数值。

数据资产评估时对于价值类别的选择，也依赖于数据资产的特征和评估的目的。例如，如果评估的目的是交易支持，且存在相应的资产市场，则应选择交换价值；如果面对的情形是数据资产使用权或经营权的许可转让，则可以选择在用价值；如果评估的数据是免费或以极低成本提供的，同时应用于公共服务目的，此时宜选择社会价值等非货币化价值类别。

第三节　数据资产价值评估的方法

一、基于无形资产评估的货币类方法

《指引》第十二条指出，"数据资产的评估方法包括成本法、收

益法和市场法三种基本方法及其衍生方法"。数据在技术属性和内容属性上与专利权、特许权等无形资产较为相近，因此在研究数据资产的货币化价值评估方式时，我们也相应地参考无形资产评估方法。

（一）成本法

1. 成本法简介

成本法是通过计算对象产生过程中各项成本的估值方法。在资产评估领域，成本法一般指重置成本法，即在评估基准日重新购置或生产出一个全新的评估对象所需的成本总和，扣减各项价值损耗从而得到资产价值的方法。成本法在我国的资产评估工作中占主导地位，最为常用（俞明轩、王逸玮，2017）。

从概念上看，成本法包括评估资产的重置价值以及贬值，而贬值项则包含实体性贬值、功能性贬值与经济性贬值三个部分。围绕上述因素可形成基于成本思路的具体估计方法，如图5-3所示。

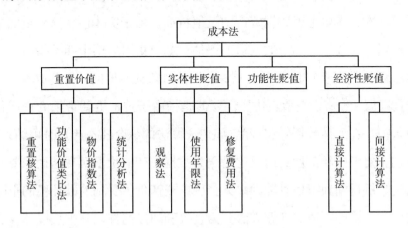

图5-3　基于成本思路的具体方法

成本法的基本公式如下：

评估对象成本价值＝重置成本－实体性贬值－功能性贬值－经济性贬值

评估对象成本价值＝重置成本 × 成新率

关于数据资产的价值评估，运用成本法首先需要梳理数据资产形成过程中包含哪些成本项目和子项目。不同行业、不同类型的数据，其成本组成部分也不尽相同。根据《电子商务数据资产评价指标体系》（GB/T 37550—2019），我们可以给出一个成本组成项的参考框架，如图 5-4 所示。

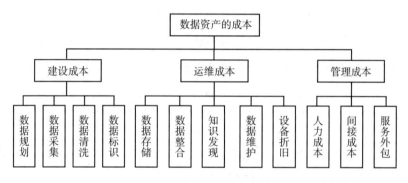

图 5-4　数据资产的成本评估指标体系

其次，需要考虑数据资产的贬值特征。由于实体性贬值衡量的是有形损耗，故不适用于数据资产评估。如《指引》第十四条指出，成本法评估数据资产的基础公式是：评估对象成本价值＝重置成本－功能性贬值－经济性贬值。功能性贬值是指由于技术更新带来的资产价值折损，在评估数据知识产品（如包含算法的综合性资产）时可纳入。我们主要考虑经济性贬值，这是因为数据资产的价值实现路径主要是通过分析得到独特信息辅助决策，因此资产价值受到外部环境的影响较大。经济性贬值的计算方法分为直接和间接两种，其中直接计算法测算的是因经济收益减少而导致的贬值，更适用于数据资产评估：

经济性贬值＝资产的年收益损失 ×（1－所得税税率）× 现值系数

2. 成本法应用于数据资产评估的评价

将成本法直接应用于数据资产的评估主要存在以下问题：（1）数据资产的在用价值或市场价值与成本价值可能存在量级上的差距，尤其是对于大型数据商而言，建设、运维、管理成本是随数据管理能力递减的（或规模收益递增），因此成本法通常只能保守地反映资产价值的下限（Veldkamp 和 Chung，2019）；（2）数据的质量与成本未必对应，并非总是采集或购置成本越大的数据资产使用价值就越高；（3）数据资产具有特殊的减值特征，不随使用而减值，甚至在某些情况下，数据价值不仅不随时间递减，还可能突发增值。上述问题会造成价值估计偏离公允水平（评估价值与真实价值之间可接受的误差一般在 10%—20% 之间）。

（二）收益法

1. 收益法简介

收益法指的是估计单期收益规模、折现率、评估对象预期寿命等项得到资产价值的方法，是资产定义的直接体现。收益法的基本公式是：

$$NPV = V_R - TC \qquad (5\text{-}1)$$

其中，$V_R = \sum_{t=0}^{T} \dfrac{M_t}{(1+\rho)^t}$，$M_t$ 代表时期 t 资产带来的收益（评估基准日设定为时期 0），T 表示资产预期寿命，ρ 代表资产的折现率，TC 则表示总成本（由成本法确定）。如果资产需要结合其他生产要素共同创造价值，则收益法衡量的是使用该资产所带来的项目的价值增量，我们称之为"增量收益预测"：

$$NPV = V_R - V_{NR} - TC \qquad (5\text{-}2)$$

其中，$V_{NR} = \sum_{t=0}^{T} \dfrac{N_t}{(1+r)^t}$，表示不使用该资产时项目带来的收益现值。

（1）预期收益

估算时期 t 的预期收益 M_t 一般采用直接估算法或差额法（中国电子技术标准化研究院，2022）。直接估算法基于销量和产品价格进行评价，应用于数据资产估值，可使用如下公式：

$$M_t = (P_t - C_t) \times Q_t \times (1 - \tau) \tag{5-3}$$

其中，P_t 代表单位产品的价格，C_t 代表单位产品的成本，Q_t 代表时段 t 内的销量，τ 表示所得税率。如果数据资产是用于统计决策、优化企业核心业务的产品，而非开发成为数据产品直接销售，预期收益可由式（5-4）估计：

$$M_t' = [(P_{1t} - C_{1t}) \times Q_{1t} - (P_{0t} - C_{0t}) \times Q_{0t}] \times (1 - \tau) \tag{5-4}$$

其中，$X_{1t}(X = P, C, Q)$ 表示运用数据资产后的项，$X_{0t}(X = P, C, Q)$ 表示不运用数据资产的项。

差额法也广泛用于无形资产预期收益的评估。差额法基本公式是：

$$M_t = EBIT \times (1 - \tau) - A \times ROA \tag{5-5}$$

其中，$EBIT$ 代表息前利润，τ 是税率，因此 $EBIT \times (1 - \tau)$ 表示净利润；A 代表净资产总额，ROA 表示行业平均净资产回报率。

如果数据资产服务于项目的经济贡献难以借助企业历史经营数据进行比较估计，或难以模拟预测，从而难以使用直接估算法和差额法进行估算时，可以考虑用于专利评估的收益提成法（或分成率法），采取专家打分的方式确定数据对项目的贡献。

（2）折现率与预期寿命

在表 5-2 中，我们提到数据资产的价值受到风险因素的影响，例如受到黑客攻击造成数据泄露或遗失的技术风险、企业操作不当造成的管理风险、外部环境变化冲击数据价值的市场风险等。所以在确定折现率时，需纳入风险溢价，使用累加法确定折现率：

$$\rho = r_f + \sum_{i=1}^{n} w_i \rho_i \qquad (5-6)$$

其中，ρ_i 代表第 i 项风险项；w_i 表示相应的权重，可使用层次分析法和专家打分法确认。

数据资产收益预期寿命的估计，可以参考类似资产或产品的折旧率确定。例如，Farboodi 和 Veldkamp（2021）依据美国的会计准则，提出数据和软件性质相似，因而宜采用每年 30% 的折旧率，数据资产的预期寿命为 3 年左右。但同时，她们也指出数据的折旧率可能会有很大差异，具体取决于数据是用于预测相对静态的事物，例如消费者的位置或偏好，还是相对短暂的事物，如股权订单流等。此外，数据资产（尤其是使用权、经营权等财产权利）的预期寿命还会受到法律、合同条款等约束。总之在评估实践中，要综合考虑评估对象的行业、类型、应用场景等多重因素。

2. 收益法应用于数据资产评估的评价

收益法的适用条件有限。如果企业依托数据资产开发出的产品或服务能够满足特定的业务需求，存在明确的价值实现路径，则收益法能够较为准确地估计数据资产的公允价值。

我们提供一个适合收益法评估的案例。考虑提供数据产品或服务的商业模式，具体的，在市场中有数据商提供数据集按次访问或查询的服务。该模式下数据的用途固定，通常由卖方提供 API 或数据包等访问形式。采用该商业模式的平台有：BDEX、Foursquare、京东万象、数据堂等。数据访问或查询服务的计价模式包含按件收费、按使用时间或次数收费、结合会员订阅与单件收费的两部定价法等。该模式下，我们可以认为数据资产的预期收入流较为平稳，可以使用货币计量，并且折现率和预期寿命可以合理估计，此时用收益法较合理。

但是，如果估值对象是企业尚未开发或处于开发过程中的资源性数据资产，没有明确应用场景，也无法支持交易，此时使用收益法预测未来收入流，得到的结果方差较大，对企业技术和财务能力的估计也较为主观，结果难免有失公允。

（三）市场法

1. 市场法简介

市场法又称作价格比较法，是根据相同或相类似的资产的现时或近期交易价格，经比较得到评估对象价值的方法。根据《指引》第二十五条，使用市场法评估的一个隐含假设是存在公开、活跃的交易市场。2022 年是数据要素市场化探索元年，上海数据交易所、北京国际大数据交易所、贵阳大数据交易所等机构和部分地区作为先锋开展数据交易试点。在可见的未来，在产业政策的激励下数据要素市场将趋于成熟，因而市场法的前提假设也有望得到满足。

市场法的基本思路是对属性相似的资产进行对比分析，参照得到评估对象的市场价值。市场法可进一步分为直接比较法与类比调整法。其中，直接比较法指的是依照参照资产的价格或特征直接与被评估资产综合比较，基本公式如下：

$$评估对象市场价值＝参照物的合理成交价格$$

其中"合理成交价格"的含义是可根据比较物的属性差异进行适当调整，上式也可表述为：

$$评估对象市场价值 = 参照物的成交价格 \times \frac{评估对象调整系数}{参照物调整系数}$$

最简单的例子是，如果被评估数据资产在销售条件方面存在不利因素，评估人员可以根据职业经验或专家意见给予一个价格折扣率，即评估对象价值 = 参照物价格 × （1– 折扣率），这种方法称为"市价折扣法"。

类比调整法的适用性相对更强，只要被评估资产与参照物在大的方面相似，便能够运用该方法比较分析参照物与评估对象之间的差异，并在此基础上估算出被评估资产的市场价值。类比调整法比较维度较多，包括时间差异、交易情况差异、质量差异等，基本公式是：

评估对象市场价值 = 参照物的成交价格 × 功能差异修正系数 × … × 时间差异修正系数

2. 市场法应用于数据资产评估的评价

除要求公开、活跃的市场外，应用市场法的另一个前提是，市场上存在可比的资产及其交易活动。可比性主要体现在如下几个方面：（1）权益状况一致或可调整。（2）市场条件（如供求基本面、竞争情况、交易条件、政策环境等）一致或可比。（3）比较双方在实体、功能、用途等对价值构成影响的因素上可比较。（4）时间维度相近。

有研究指出，在估值实践中选取某一数据集或数据产品的参照物的难度较大，数据资产的可重塑性、自生性高，很难判断两组数据在何种维度上相似，进而认为利用市场法应用于数据资产评估具有较大局限（欧阳日辉、龚伟，2022；许宪春等，2022；中国信息通信研究院，2020）。而对于那些标准化程度较高的数据，市场法有其应用的空间。我们可以根据数据长度、维度等角度构建比较标准。面向特定场景的结构化数据往往具有较高的标准化程度，例如工业物联网数据、科研数据、位置动态数据等，此类数据经过归集、脱敏、清洗等预处理后，成为"数据元件"，以"盒"或"条"的形式计价，此时构建起的数据指标可与市场价格形成某种映射关系。所以在估值时，以类型、功能、用途、市场条件等相似的数据元件为参照，可运用市场法得到评估对象的公允价值。

（四）基于上述方法的衍生方法

表 5-3 总结了基于无形资产评估的三种货币类方法的基本思路及优缺点。

表 5-3　基于无形资产评估的数据估值方法

方法	基本思路	优点	缺点
成本法	重置成本减去贬值	获取容易，计量简单	仅得到下限
收益法	数据对期望收益贡献的现值	体现在用价值	缺乏准确性
市场法	需有市场，可比价格	相对公允	市场不成熟

考虑到传统的成本法、收益法与市场法在评估数据资产时均有一定的局限性，部分研究结合数据资产的特征提出了改进思路。例如，德勤咨询和阿里研究院（2019）认为数据资产估值要考虑潜在的法律与道德风险、应用场景等因素；中国信息通信研究院（2020）纳入了数据资产溢价等因素，提出了改良方案；瞭望智库和中国光大银行（2021）结合数据质量、数据应用、数据风险、市场维度等指标，设计了调节系数；许宪春等（2022）则从宏观层面研究了数据资产的统计核算问题，并提出了"改良成本法"。结合上述研究结论，我们总结出基于传统无形资产评估方法的衍生方法。

1. 优化成本法

优化成本法是在重置成本法的基本框架下，将数据的质量、折旧、风险、场景性等特征作为价值调整项，调整因素可参见表 5-2。优化成本法的基本公式为：

$$V_G = C \times A \times F \times [1 + I(R)] - DF \tag{5-7}$$

其中，C 表示数据资产的历史成本，通过对数据价值链全流程所产生的成本加总得到。A 表示重置系数，其数值主要基于人力成本和物价指数的变化，是一系列数据价值调整因子的集合，$F = \alpha\beta\gamma$，等式右边分别表示评估得到的质量调整系数、市场调整系数和风险调整系数，具体数值可通过专家打分得到。$I(R)$ 代表是否计算资产带来的合理利润率，如果资产或基于资产开发出的数据产品对外销售，则计入合理利润率 R。最后，DF 代表资产贬值项，用以计算数据资产的功能性和经济性贬值。

2. 优化收益法

对收益法的改进方式是纳入综合调节系数 $f(Q, U, E)$，即根据数据资产的质量 Q、可用性 U 和市场环境 E 等作出调节，具体而言，$NPV = V_R - TC$，其中：

$$V_R = \sum_{t=0}^{T} \frac{M_t}{(1+\rho)^t} f(Q, U, E) \tag{5-8}$$

此外，当数据资产的应用场景尚不明确时，待评估资产的收益具有较大不确定性，但如果可以算出收益的波动率，可以考虑使用实物期权法进行价值评估。同一数据资产可能具有多样化的应用场景，在不同场景下可开发出具有多种功能和价值的数据产品，这些产品给企业带来的现金流也有较大的波动性。企业在短期利润与长期价值间权衡取舍后，会选择最优的开发时点和路径，企业具有暂时不开发数据资产而等待未来择机开发的权利。在数据资产应用场景不够明确、价值存在高度不确定性的情况下，采用成本法往往仅能得到资产价值的下限，严重低估数据资产的价值。采用收益法往往也会低估数据资产带给企业的收益，因为这种方法忽略了企业可以根据未来的情况选择不开发资产或者放弃资产的情形。因此在这个意义上，实物期权法是对收益法的改进。

3. 优化市场法

中国电子技术标准化研究院（2022）提出了一个改良的市场法估值模型，其基本思路是将评估对象与多个参照资产进行比较以减小误差，同时纳入调整因子：

$$V_M = \frac{1}{n} \sum_i [\hat{P}_l \times f(X_{i1}) \times g(X_{i2}) \times X_{i3} \times X_{i4}] \qquad (5-9)$$

其中，n 表示参照物总数，$\hat{P}_l$ 表示参照物的市价，$f(X_{i1})$ 表示与参照物 i 相对应的质量调整函数，$g(X_{i2})$ 表示与参照物 i 相对应的市场调整函数，X_{i3} 表示时点调整系数，X_{i4} 表示数量调整系数。具体的，$X_{i1} = q/\hat{q}_i$ 代表评估对象的质量与参照物 i 的质量之间的调整系数，$X_{i2} = s/\hat{s}_i$ 代表评估对象的供求状况与参照物 i 的供求状况之间的调整系数，$X_{i3} = t/\hat{t}_i$ 代表评估对象所在行业交易时点的居民消费价格指数与参照物 i 交易时点的居民消费价格指数之间的调整系数，而 $X_{i4} = N/\hat{N}_i$ 则代表评估对象的数量与参照物 i 的数量之间的调整系数。

4. 综合法

综合法是指同时使用优化的成本法、收益法和市场法估计分别得到数据资产的成本价值、在用价值和交换价值后进行加权得到综合价值的方法，基本公式为：

$$V_D = \theta_C V_C + \theta_R V_R + \theta_M V_M \qquad\qquad (5\text{-}10)$$

其中，$\theta_C + \theta_R + \theta_M = 1$。使用综合法时，权重系数的选取需要结合数据资产在多个场景中产生收益的可能性综合考虑。

二、其他评估方法简介

成本法、收益法、市场法等货币类估值方法在无形资产评估实践中已相对成熟，因此应用于数据资产评估领域也具有较强的可操作性，是我们关注的重点。此外，还存在一些非主流的、新型的评估或评价方法。2022年全国数据资产会议上，工作组将数据资产价值评估分为"评价"与"评估"两部分，并明确指出应将"数据资产的会计计量"与"数据这一资产本体的质效评估"区分开。"评估"和"会计计量"概念，侧重衡量数据资产的货币化价值，而"评价"和"质效评估"概念，侧重衡量数据资产的非货币化价值。Fleckenstein 等（2023）在 *Harvard Data Science Review* 上发文，指出数据资产的价值评估模型可分为市场导向型、经济导向型和维度导向型。数据资产的市场导向型模型以数据资产的形成成本或能够带来的收入为基础，经济导向型模型从经济效益和公共效益的角度来评估数据的价值，而维度导向型模型则关注数据资产的基本属性与特征（如类别、维度等）。其中，市场导向型模型就是我们上文重点介绍的三种基于会计逻辑的评估方法；经济导向型模型侧重衡量社会效益，而社会效益并不一定通过货币衡量；维度导向型模型侧重探讨数据资产的价值维度，并不是直接通过货币衡量价值的方案。三种类型的估值模型比较如表5-4所示。

表 5-4　数据资产的估值框架

模型类型	描述
市场导向型	使用收入、成本或市场价值来估值，包括： （1）基于收入和成本 　1）买卖数据 　2）数据服务于主营业务 　3）用于改善消费者体验 　4）评估数据泄露或遗失的成本 　5）数据使用权许可 （2）基于股票市场（兼并、收购、首次公开募股等）
经济导向型	评估经济影响，包括： （1）经济效益的财务估算 （2）数据对于公共物品的价值 （3）政策和法律监管的影响
维度导向型	识别价值影响因素并进行重要性排序，与被评估数据及其应用场景相关，在此基础上估值，包括： （1）数据集的显式比较（质量排序等） （2）使用多维模型评估数据对业务功能的价值

下面我们举例说明经济导向型模型和维度导向型模型的评估思路。

1. 经济导向型模型

应用经济导向型模型的一个典型案例是公共开放数据资产的估值。公共数据资产（如交通数据、教育信息数据、医疗保健数据等）来源面广，成分繁杂，普惠性、公共性强，同时也不参与资产交易，因此成本法、收益法、市场法都难以直接应用于公共开放数据的价值评估问题。但是，这并不意味着公共开放数据没有价值，相反，公共开放数据蕴含了巨大的社会效益，如果利用得当，将大幅提升消费者福利。因此，我们可以考虑运用经济导向型模型进行评估。

普华永道（2021）在公共数据估值问题上做出了先锋尝试。该研究借鉴了物理学中的"势能"概念，相应地提出了"数据势能"新概念。"数据势能"公式如下：

公共开放数据资产价值＝开发价值 × 潜在社会价值呈现因子 × 潜在经济价值呈现因子

其中，数据开发价值被定义为尚未使用时的开发成本，潜在社会价值顾名思义就是数据的"惠民"效益，潜在经济价值是指在宏观核算中未纳入的数据对经济增长的那部分贡献。显然，如果只计入数据开发成本，势必低估数据的实际福利贡献。欧阳日辉和杜青青（2023）基于类似的思路，提出了公共开放数据的"数据赋智"估值模型，将公共数据估值划分为"潜能预测"、"效能评估"和"产能评估"三个阶段，先后评估成本价值、内在价值、业务价值和市场价值。

再举一个数据对经济福利形成贡献的例子。在数字经济时代，电子邮件、网络新闻、搜索引擎、即时通信、在线音乐、网络视频等数字服务，用户往往不需要支付费用就可以使用，但他们付出了自己的数据作为这些服务的"对价"，这部分服务的价值目前没有计入 GDP 中。从公司层面看，谷歌、脸书、百度等互联网公司在 GDP 核算中的价值仅在于它们所销售的广告，但它们的社会经济价值绝非仅仅停留于营销广告层面。

2. 维度导向型模型

有研究尝试寻找数据资产的价值维度。这些维度既基于数据本身（如数据质量、寿命、格式等），也基于数据使用的情境（如权属状况、交易频率等）。Viscusi 和 Batini（2014）通过梳理数据资产价值影响因素的相关文献，指出可考虑从容量和效用两个维度为数据资产建立价值评估指标体系。从高昂等（2020）、夏金超等（2021）的研究上看，数据资产的价值评估通常考虑的几个维度是成本、质量及应用。德勤咨询和阿里研究院（2019）则从质量、应用和风险 3 个维度，完整性、真实性、准确性、数据成本、安全性、稀缺性、时效性、多维性、场景经济性、法律限制和道德约束 11 个子维度建立了其数据资产价值评价指标体系。中关村数海数据资产评估中心提出数据资产具有内在、业务、绩效、成本、市场和经济 6 个维度的价值，同时还与 Gartner 咨询公司共同发布了包含数量、单位、质量、粒度、关联性、时效、来源、稀缺性、行业性质、权益性质、交易性质和预期效益等 12 个影响因素的数据资产价值评价指标体系（Gartner，2015）。不难发现，指标体系法的指标选取存在一定主观性，也使得其在评估数据资产价值的过程中需要结合特定场景，如 Akred 和 Samani（2018）便认为中关村数海数据资产评估中心与 Gartner 咨询公司设计的指标体系更加适用于企业并购场景。2022 年 6 月，中国资产评估协会发布《数据资产评估指导意见（征求意见稿）》，该文件指出数据资产评估业务需要关注的四大因素为质量、应用、成本和法律，后续形成指导意见后，有望规范数据资产评估业务的实务操作。表 5-5 总结了部分研究中列举的数据资产评价指标。

表 5-5 已有研究中的数据资产评价指标

文献	一级（二级）指标	次级指标
Gartner（2015）	内在价值，业务价值，绩效价值，成本价值，市场价值，经济价值	
Viscusi 和 Batini（2014）	容量价值（质量、结构、扩散程度、基础设施），效用价值	准确性、可访问性、完整性、通用性、可靠性、及时性、可用性、可信度、声誉，抽象、编纂、推导、集成，稀缺性、分享度，抽象性、嵌入性、时效性、灵活性、开放性、共享性、标准程度，金融价值，针对性，交易成本
德勤咨询和阿里研究院（2019）	质量价值，应用价值，风险价值	数据成本、完整性、真实性、准确性、安全性、稀缺性、时效性、多维性、场景经济性、法律限制、道德约束

续表

文献	一级（二级）指标	次级指标
高昂等（2020）	成本价值（建设成本、运维成本、管理成本），标的价值（数据形式、数据内容、数据绩效）	数据规划、数据采集、数据核验、数据标识，数据存储、数据整合、知识发现、数据维护、设备折旧，人力成本、间接成本、服务外包，易获得性、一致性、可理解性、完整性，准确性、正确性、客观性、有效性、可靠性，相关性、稀缺性、使用场景、适用情形、时效性
中国资产评估协会（2022）	质量价值，应用价值，成本价值和法律风险	准确性、一致性、完整性、规范性、时效性和可访问性，使用范围、应用场景、商业模式、市场前景、财务预测、供求关系以及应用风险，直接成本、间接成本，法律法规、政策文件、行业监管等新发布或变更影响

第六章　数据资产入表

　　数据资产入表是将数据资产确认为企业资产负债表中的"资产"项目之一，以在财务报表中反映其真实价值和业务贡献。探索数据资产入表的基础制度和会计核算制度，对于释放数据资源的价值、推动数据资产的资本化和市场化配置具有重要意义。从会计角度来看，一项资产要入表必须要经过会计确认、计量、记录、报告全流程的会计核算过程。基于此，本章旨在从理论上系统探讨数据资产的会计核算问题，构建一套完整的数据资产会计核算理论框架和实施路径，从而加快推进数据资产从"表外"走向"表内"，为完善和规范数据资产会计核算提供参考和借鉴。

　　现有部分研究已经逐步从会计视角探索了数据资产的会计确认、计量和披露等问题，但相关研究尚处于起步阶段，对数据资产在会计核算各环节的处理远未形成一致意见，数据资产进入财务报表进行会计核算仍需要从顶层制度设计到技术层面的一系列突破。基于此，本章尝试回答以下几个基本理论问题：数据资产为什么要入表？在现行会计准则规定下哪些数据资产可以入表？符合条件的数据资产应如何入表？未入表的数据资产应如何处理？旨在从理论框架和技术实施路径层面为数据资产的入表提供建议，并为相关会计准则的进一步修订和完善提供参考。

第一节　数据资产为何入表

数据科学家维克托·迈尔·舍恩伯格在《大数据时代》一书中曾经提到："虽然数据还没有被列入企业的资产负债表，但这只是一个时间问题"（Mayer-Schönberger 和 Cukier，2013）。数据资产入表本质上是一个会计问题，因此在研究入表之前首先应从会计理论视角厘清数据资产为什么要入表这一基本问题。

数字经济时代，数据已然演变成为企业的核心经济资源，企业通过数据挖掘分析开拓市场、寻求商机、降本增效、确立竞争优势，从而实现价值创造的案例已经不胜枚举。当前，大量企业的经营和决策都离不开"数据驱动"的身影，亚马逊技术总监 Werner Vogels 曾在演讲中表示："为什么有的企业在商业上不断犯错？那是因为他们没有足够的数据对运营和决策提供支持……一旦进入大数据的世界，企业的手中将握有无限可能。"管理大师彼得·德鲁克指出："经济正由围绕物流和资金流转向围绕信息流的方式进行组织。"（Drucker，1992）无论是理论界还是实务界，数据资源对于新经济时代的企业维持核心竞争优势和提升价值创造能力的重要作用已经毋庸置疑。但如此极具价值相关性的信息至今仍然游离于财务报表之外，无疑是对会计信息有用性的一大挑战。

一、数据资产入表是缓解会计信息相关性恶化的一剂"良药"

会计信息的主要功能是优化资源配置（决策有用）和降低代理成本（受托责任）（黄世忠，2018）。进入数字经济时代，会计信息能否与信息使用者的决策继续保持相关性，是会计界非常关注的问题。中国信息通信研究院发布的《中国数字经济发展报告（2022年）》显示，2021年我国数字经济规模达到45.5万亿元，较"十三五"初期扩张了1倍多，同比名义增长16.2%，高于GDP名义增速3.4个百分点，占GDP比重达到39.8%，较"十三五"初期提升了9.6个百分点。然而，与数字经济蓬勃发展形成鲜明对比的是，会计准则仍然因循守旧，很多大型企业最有价值的数据资产至今尚未进入财务报表[①]，导致会计信息的相关性日益下降。

首先，体现在会计信息决策相关性的显著下降。从决策有用观的视角来看，会计信息的相关性是否下降可以通过关键财务指标（如企业报告的盈余、权益净值和现金流量等）对股票价格的解释能力来判断（Lev，2000）。有学者研究发现，从20世纪90年代即数字经济的发端阶段开始，会计信息的相关性出现了显著的下降（Lev和Zarowin，1999）。Lev和Gu（2016）研究发现，上市公司的会计收益和净资产对股票市值的解释能力从1950年的90%降至2013年的50%左右，表明会计信息的价值相关性进一步恶化。与此同时，投资者对企业价值的评估方法和评估体系也发生了显著变化，基于非会计信息的投资决策模式日益盛行。已有研究从资产规模、经营规模和经营绩效方面筛选出多重财务指标，对阿里巴巴、沃尔玛和亚马逊三家公司2014—2018年传统财务指标和股票市值的关系进

[①] 根据品牌金融（Brand Finance）发布的《2021年度全球无形资产金融追踪——对世界无形资产价值的年度回顾》显示，截至2021年9月，微软公司在财务报表中报告的无形资产净值和商誉分别是80亿美元和500亿美元，而披露的包含数据资产在内的无形资产价值高达18470亿美元，是已披露无形资产和商誉的31.84倍。同样的，作为中国互联网"龙头"企业的腾讯，其披露的无形资产净值和商誉分别是70亿美元和170亿美元，而未披露的无形资产价值高达6370亿美元，是已披露无形资产和商誉的26.54倍。

行对比分析发现，在大多数年度，沃尔玛的财务指标均高于阿里巴巴与亚马逊，但其股票市值却是最低的，且三家公司各年度的股票市值均显著高于净资产的账面价值，二者之间形成了巨大的差距鸿沟，再次表明投资者的决策与会计信息的相关度正在减弱（黄世忠，2018）。

其次，会计信息在评价管理层受托责任方面的相关性也出现明显下降。在传统的工业经济时代，净资产收益率等业绩指标通常能够有效反映管理层通过运营现有的经济资源为股东创造价值的能力，因此这类指标是用来评价管理层受托责任的最常用指标，一个重要的标志是在激励机制的设计中会很大程度依赖于财务业绩。进入数字经济时代，企业的价值创造更多依靠战略、人才、创新、品牌、数据等无形资产驱动。然而，由于会计制度的不合理，企业大量的包含数据在内的无形资产并未体现在财务报表中，因此传统的以财务业绩为基础的指标不再适合用作评价管理层受托责任的主要指标，企业应更多依据市值管理、行业地位、用户数量、网络效应等非会计信息评价管理层的受托责任。事实上，研究表明现有的激励机制设计已经降低了对财务业绩的依赖程度，转而更多依赖股票期权。可见，会计信息在反映管理层的受托责任方面也显得"力不从心"。

二、数据资产入表能够缓解信息不对称并提升市场估值效率

重要的数据资产信息遗漏加剧了企业与信息使用者之间的信息不对称，不利于信息使用者真实、客观、准确评估企业价值，从而作出合理决策。有用的会计信息必须具有相关性并且忠实表述其旨在反映

的内容，而完全的忠实表述需具备完整、中立和无误三个特征。① 那些符合条件的重要的数据资产尚未在资产负债表中进行确认显然损害了会计信息的完整性，有悖忠实表述的原则，而这将加剧信息不对称问题，从而影响信息使用者对企业的价值评估和投资决策。与此相关的一个典型事实就是大量数据驱动型企业往往表现出超高的市净率（即股票市值远超净资产账面价值），或是在并购交易中产生较高的并购溢价。例如，同花顺在 2019 年 6 月的最后一个交易日股票市值高达 529.18 亿元，而其资产总额和净资产账面价值分别仅为 43.32 亿元和 33.48 亿元，市净率高达 15.8；又如，微软曾以超过领英市值 50% 的溢价实施并购。如此高溢价的现象难免给广大不知情投资者造成公司存在投资炒作、内幕交易、风险较大等负面印象，从而影响投资者对公司价值的合理评估，阻碍公司在资本市场获取足够的融资。此外，大量的数据驱动型企业是轻资产企业，本身缺乏可供质押的有形资产，在贷款方面会受到一些限制，如果将数据资产入表，那些有价值的数据资产就可以成为一种抵押物。

以上分析表明，在数字经济时代，企业的会计信息质量在相关性和忠实表述两方面都差强人意，由此社会各界对会计无用的讨论也愈演愈烈。Govindarajan 等（2018）在其研究中指出，在数字经济时代传统的财务报告无法充分反映企业价值创造和保持核心竞争优势的驱动因素，因此会计已经丧失其价值创造功能。根据韩国会计准则委员会 2019 年的一项调研，有的受访者表示目前的财务报表已经无法适应公司的快速变化，因而无法向信息使用者提供有用的信息，部分行

---

① International Accounting Standards Board, *Conceptual Framework for Financial Reporting*, 2018, https://www.ifrs.org/content/dam/ifrs/publications/pdf-standards/english/2021/issued/part-a/conceptual-framework-for-financial-reporting.pdf.

业分析师甚至表示，财务报表是无用的，因为其未纳入影响公司价值评估的关键因素（王鹏程，2022a）。因此，及时将符合条件的数据资产纳入企业的财务报表，提高会计信息的有用性迫在眉睫。

第二节　数据资产入表的理论方案

从会计理论层面厘清数据资产为什么入表之后，我们将继续讨论在现行的会计准则规定下什么样的数据资产可以入表？不满足入表条件的数据资产又该如何处理等问题，旨在从会计理论视角对数据资产的入表提供一个清晰的指导框架。

一、财务报表数据资产形成"三步曲"——基于会计准则的分析

从会计的角度来讲，我们认为数据在企业中可能有四种存在形态：数据资源、数据资产、财务报告中的数据资产和财务报表中的数据资产。财务报表数据资产形成"三步曲"是指数据从数据资源到形成财务报表中的数据资产，需要经历以下三个步骤：第一步，从数据资源到数据资产，在这一步骤中需要从数据资源中识别出符合资产定义的部分形成数据资产；第二步，从数据资产到财务报告中的数据资产，在这一步骤中需要结合财务报告的目标，从数据资产中识别出对报告使用者决策有用的部分作为需要披露在财务报告中的数据资产；第三步，从财务报告中的数据资产到财务报表中的数据资产，在这一步骤中需要结合资产的确认标准，从财务报告中的数据资产中进一步识别出符合资产确认条件的部分形成财务报表中的数据资产。从概念

上讲，数据资源、数据资产、财务报告中的数据资产、财务报表中的数据资产之间的关系如图 6-1 所示。

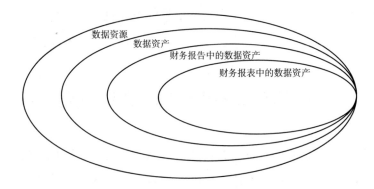

图 6-1　数据在企业中的四种存在形态及关系

（一）从数据资源到数据资产

并非所有的数据资源都构成数据资产，数据资产是符合资产定义的数据资源。国际会计准则理事会（IASB）2018 年修订的《财务报告概念框架》将资产的定义表述为"资产是指因过去事项而由主体所控制的现时经济资源。其中，经济资源是有潜力产生经济利益的权利"。从资产的定义不难看出，一项资源要成为资产，必须要具备三大关键要素：（1）由过去的事项形成；（2）由主体所控制；（3）有潜力产生经济效益的流入。

数据资源能否形成数据资产，需要结合资产定义中的三大关键要素逐项加以分析。首先，判断数据资源是否由过去的事项形成比较容易，数据资源的来源包括合法授权采集、自主生产和通过交易获取等，数据资源形成的同时就已经确定了来源的形式，不需要企业付出额外的工作进行判断。其次，数据资源能否被企业所控制，《财务报告概念框架》指出，控制意味着企业有能力主导经济资源的使用并获得其可能产生的收益，对经济资源的控制通常源于执行合法权利的能力，其中合法权利既包括所有权，也包括其他衍生权利。对数据资源的控制首先要考虑其法律权属是否存在争议，这是实务中的重点也是难点。对数据资源而言，法律权属不仅包括所有权，还包括对数据的采集权、使用权、加工权、交易权和收益权等，这些都可能符合会计中有关控制的定义。① 换言之，当企业难以清晰地证明其拥有某项数据资源的所有权时，可以通过证明其有能力控制数据资源的某项衍生权利，并能够从中获取与该项衍生权利相关的经济利益来实现对数据资源的控制。例如，如果企业能够访问和使用某项数据资源，并且能够防止其被非法窃取和盗用时，则认为企业可以控制该数据资源。企业无法实现有效控制的数据资源不构成数据资产。最后，关于数据资源产生经济利益潜力的判断也比较容易，数据资源能够为企业创造价值已经成为共识，数据资源的价值创造依赖其应用场景，因此企业在判断数据资源是否有产生经济利益的潜力时，需要对数据资源的应用场景有相对清晰的认识。

综上所述，符合会计准则定义的数据资产是指因过去事项而由企业所控制的，有潜力为企业带来经济利益的数据资源。在数据资源形成数据资产的步骤中，企业需要做的核心工作内容是举证企业对某类数据资源的控制权。

（二）从数据资产到财务报告中的数据资产

并非企业所有的数据资产都需要在财务报告中进行披露，在决定将哪些数据资产纳入财务报告中时需要考虑财务报告的目标和报告成

---

① 普华永道：《数据资产化前瞻性研究白皮书》，2021 年，见 https://www.pwccn.com/zh/research-and-insights/white-paper-on-prospective-study-of-data-capitalization-nov2021.pdf。

本的限制。财务报告的目标是提供有关报告主体的财务信息，这些信息对现有和潜在的投资者、贷款人和其他债权人的决策有用。①《财务报告概念框架》指出，有用的财务信息必须具有相关性并且忠实表述其旨在反映的内容。当财务信息具有验证价值、预测价值或两者兼有时，则这类财务信息具备了相关性。对数据资产而言，其相关性可以体现为数据资产信息可以向信息使用者提供有关企业未来现金流的信息，有利于使用者对企业进行合理估值。例如对腾讯、亚马逊这些数据驱动型企业而言，充分披露数据资产信息对信息使用者的决策尤为重要。忠实表述要求完整、中立和准确表述财务信息，对于定量财务信息而言能否可靠计量会影响忠实表述。在有用财务信息原则的限制下，忠实表达不具有相关性的数据资产以及不忠实表达具有相关性的数据资产都不能向信息使用者提供决策有用的信息。

从某种程度上讲，相关性是数据资产能否进入财务报告的基本要求，而忠实表述决定了数据资产在财务报告中呈现出的信息类型（定性信息还是定量信息）。在结合财务报告目标判断企业的数据资产是否能进入财务报告时，可遵循如下流程：首先，识别对信息使用者可能有用的数据资产；其次，识别关于该数据资产的最为相关且能够忠实表达的信息类型；最后，确定此信息可否获取并能够实现忠实表达。如果满足以上条件，则该类数据资产能够纳入财务报告。

此外，在确定数据资产是否要在财务报告中披露时，企业还需考虑成本限制，包括法律风险成本和信息披露的专有成本等因素。例如，一些涉及国家机密或商业秘密的数据资产不能在财务报告中披

---

① International Accounting Standards Board, *Conceptual Framework for Financial Reporting*, 2018, https://www.ifrs.org/content/dam/ifrs/publications/pdf-standards/english/2021/issued/part-a/conceptual-framework-for-financial-reporting.pdf.

露，但需要注明不能披露的原因。

（三）从财务报告中的数据资产到财务报表中的数据资产

财务报表是财务报告的一种特殊形式，财务报告内容包括财务报表、报表附注和其他应该在财务报告中披露的信息，这些信息以文字和数字的形式呈现在财务报告中，财务报表中列示的各项资产必须符合具体资产的定义并且满足其确认条件。因此，并非所有披露在财务报告中的数据资产都能在财务报表中列示。

根据我国《企业会计准则》的规定，当数据来源清晰，同时满足以下条件则可确认为资产：（1）与该资源有关的经济利益很可能流入企业；（2）该资源的成本或价值能够可靠地计量。由此，在判断数据资产是否能进入财务报表项目时还需要同时考虑两方面的影响。

一是经济利益流入的可能性对数据资产入表的影响。通常认为，当经济利益流入的可能性高于50%时则符合确认条件（1）中提到的"很可能"标准。企业在举证经济利益是否很可能流入时，现行的会计准则对企业外购的和内部形成的经济资源的资本化门槛要求不同，相比而言，举证外购经济资源的经济利益是否很可能流入企业更容易。对于外购的数据资产，只要交易双方是在公平合法的环境中进行交易的，那么交易价格即代表了交易双方对该数据资产未来经济利益流入的合理预期，在不存在反证的情况下，则可直接认为该项数据资产符合经济利益很可能流入的标准。然而，对企业内部形成的数据而言，在形成时点举证其经济利益很可能流入企业时，需要对数据资产在预计使用寿命内可能存在的各种经济因素作出合理估计，并提供确凿的证据支持。例如，平台企业通过分析 APP 终端采集的用户画像数据辅助企业智能决策，在论证这些数据经济利益流入可能性时，需要在技术、人力、物力等方面提供分析开发数据的可行性证明，并论证数据的有用性。

二是成本或价值能否可靠计量对数据资产入表的影响。将一项资产在财务报表中确认，必须要对其计量，在我国现行的《企业会计准则》体系中规定了5种计量属性：历史成本、重置成本、可变现净值、现值、公允价值。在历史成本计量下，数据资产应该按照购入或采集开发过程中实际花费的成本或费用计量，即"真金白银"花多少记多少。历史成本是最符合"可靠计量"标准的计量属性，在这种方式下提供的数据资产相关的会计信息最为客观，采用这种方式计量数据资产时需要建立在数据资产形成具有完整的生命周期，且企业能够合理归集隶属于某数据资产的成本或费用信息。需要承认的一点是，历史成本虽然客观但却过于保守，在某些情况下采用历史成本记录的数据资产价值可能与数据资产本身的价值相去甚远。例如，有些伴随着企业生产经营过程自动形成的数据，真正能归属其开发成本的金额可能很少，但是通过对这些数据进行分析却能够辅助企业精准决策，从而为企业创造巨大的价值，这时候采取历史成本的方式来进行计量可能难以体现数据资产的真实价值。在现值计量下，数据资产应按照预计从其持续使用和最终处置中所产生的未来净现金流入量的折现金额计量。在这种模式下，需要企业能够合理估计数据资产在整个使用期间内每期所产生的现金流量净额和对应的折现率。但由于数据资产本身收益不稳定难以预测，数据资产应用场景不同会产生不同的收益，而且运营模式和商业模式的变化都会引起数据资产收益额和收益方式的变化，这些都会加大数据资产未来现金流量估计的难度。因此，采用现值计量难以客观估计数据资产的内在价值。在公允价值计量下，数据资产应按照在活跃的市场中交易双方自愿达成一致的公允价格作为数据资产的入账价值，公允价值能够更准确反映数据资产的市场价值，但采用公允价值计量的前提是数据具有活跃的交易市场，现阶段数据交易市场尚处于形成阶段，市场中缺乏同类或类似的数据产品作为参考，导致数据资产的公允价格难以获得。在重置成本计量下，数据资产应按照现在购买相同或相似的数据资产所需支付的价格作为入账价值。在可变现净值计量下，数据资产应按照其正常对外销售所能收到的价格扣减该数据资产至开发完成时估计将要发生的成本、估计的销售费用以及相关的税费进行计量，可见重置成本和可变现净值也依赖于完善的数据交易市场。

数据资产能否可靠计量主要受计量不确定性水平的影响，大多数的计量方式需要进行估算，如前文所述，除历史成本计量比较客观以外，其他的几种计量属性都会涉及不同程度的估算，估算的准确度越高提供的信息越可靠。为保证会计信息质量，对会计计量属性的选择本质上是在可靠性和相关性之间进行权衡。根据我国现行的《企业会计准则》规定，企业在对会计要素进行计量时，应当首选历史成本属性，也就是说当采用不同计量属性提供的会计信息在可靠性和相关性之间产生冲突时，应当首先保证会计信息的可靠性，这也是与会计谨慎性原则的理念相一致的。因此，对于数据资产而言，在入表时为保证数据资产相关会计信息的质量，也应首先考虑按照历史成本进行计量。

需要特别说明的是，前文分析中提到的财务报表数据资产形成需要经历的三个步骤之间并不存在逻辑上的先后顺序，在实践中对不同环节的判断很有可能是同时发生的，只是为了方便理解，我们将其人为区分了三个阶段。此外，对于数据资产能否入表不仅要考虑数据资产是否符合会计准则的规定，还会受制于企业本身资源配套的支撑，例如管理层对数据资产入表的重视程度，企业是否制定了清晰的数据战略规划方法，企业是否构建起了与数据驱动业务模式相匹配的能力体系（如组织安排、系统、人才和技术等）以及企业对自身的数据资产是否建立起了清晰的应用价值图谱和应用场景等。因此，为尽快推动数据资产的入表，企业还需要加强相关的配套体系的建设。

二、数据资产入表的理论方案探索

目前，国内外专门针对数据资产入表问题的研究尚处于起步阶段，国际上更多的研究是在关注包含数据在内的更大范围的无形资产的会计确认问题。在涉及应该确认哪些无形资产时，研究者们一致认为应该确认符合条件的无形资产，但现行会计准则规定的无形资产确认条件过于严苛，无法科学合理反映出新经济时期的经济现象，建议修改无形资产的确认门槛从而将更多的无形资产纳入会计确认。由此，研究者们针对应该"符合什么样的条件"这一问题，从不同的角度展开讨论。

Blair 和 Wallman（2000）在其研究中以《财务报告概念框架》中的"控制"这一基本概念为基础将无形资产分为以下三大类：一是由企业控制的，所有权清晰可交易的无形资产；二是由企业控制的，所有权存在争议，市场需求不高或不存在市场的无形资产；三是企业无法控制且没有市场的无形资产。基于这种分类，欧洲财务报告咨询组（EFRAG）在其 2021 年发布的《无形资产更好的信息》[①] 中提到，第一类和第二类无形资产有在表内确认的可能，这种方案能够较少地修订现有准则，符合成本效益原则。

---

① European Financial Reporting Advisory Group, *Discussion Paper: Better Information on Intangibles*, 2021.

澳大利亚会计准则委员会（AASB）在2008年发布的《内部产生无形资产的初始会计处理》[①]中，依据企业是否针对无形资产研发制定系统的计划，将内部产生的无形资产分为计划内的无形资产和计划外的无形资产，前者是依照企业的计划研发形成的无形资产，后者是伴随企业的生产经营过程形成的无形资产，如企业的品牌、客户信息等。他们指出，现行的会计准则将计划外的无形资产排除在外是不合理的，应确认满足无形资产定义的所有内部产生的无形资产。

欧洲财务报告咨询组（EFRAG）在《无形资产更好的信息》中还依据无形资产确认条件的严苛性，针对内部形成的无形资产提出了四种确认方案：全部确认、达到门槛时进行确认（Threshold for Recognition）、条件确认法（Conditional Recognition）、所有内部产生的无形资产均不确认。如果运用门槛确认法，当企业开始研发无形资产并产生支出时，便进行评估，若满足特定条件，即确认无形资产，后期不会重新评估。而条件确认法是指企业持续评估待确认对象是否满足标准。例如，在满足标准前的支出计入当期损益，而满足标准后的支出进行资本化并进行摊销。

此外，还有研究者提出以是否有明确支出为标准确认无形资产，对于那些没有明确支出的无形资产，如客户忠诚度、社会资本和组织资本等不需要进行确认，这样做的好处是更符合收入—支出的配比原则。然而，反对者认为企业获得资产和发生支出之间虽存在紧密联系，但二者并不一定同时发生。换言之，当企业发生支出时并不一定真正能形成资产，只是证明了企业正在寻找未来的经济利益。同样

[①]　Australian Accounting Standards Board, *Discussion Paper*: *Initial Accounting for Internally Generated Intangible Assets*, 2008.

的，一个项目未发生支出也有可能成为企业的资产，如企业接受第三方免费捐赠的资产。因此，以是否有明确支出为标准来确认无形资产并不合理（王鹏程，2022b）。

我们认为，在探讨应该确认哪些数据资产时，应该更多地考虑会计准则的规定，在此基础上对数据资产进行清晰的分类，从而提出数据资产入表方案。根据前文中有关财务报表数据资产形成的分析，我们认为影响数据资产入表的关键因素有：有效控制、有价值、相关性、经济利益很可能流入、可靠计量。据此我们可以将企业的数据资产分成以下几类：第一类是完全符合会计准则的规定，即符合有效控制、有价值、相关性、经济利益很可能流入、可靠计量标准；第二类是符合有效控制、有价值、相关性、可靠计量标准，但经济利益流入的可能性很低；第三类是符合有效控制、有价值、相关性、经济利益很可能流入标准，但企业无法对数据资产可靠计量；第四类是符合有效控制、相关性、可靠计量标准，但是否有价值以及经济利益是否流入存在不确定性；第五类是符合有效控制、相关性标准，但不能可靠计量，且是否有价值以及经济利益是否流入存在不确定性；第六类是除以上分类之外的其他类别。

基于上述分类，结合现行会计准则的规定，我们认为对于第一类数据资产应该优先考虑进行表内确认，而对第四类和第五类数据资产可视重要性程度考虑在表外进行披露，以便为信息使用者提供更多决策相关的信息，针对第六类，也就是其他类别的数据资产可暂时不作处理。针对第二类和第三类数据资产如何处理需要视情况而定，根据我国现行的《企业会计准则》的规定，资产的确认需要在符合资产定义的条件下同时满足"经济利益很可能流入"和"可靠计量"的标准，因此第二类和第三类数据资产暂时不符合入表的条件，企业可暂时将这两类数据资产进行表外披露。但值得注意的是，在 IASB 最新修订的《财务报告概念框架》中弱化了"经济利益流入可能性"和"可靠计量"的标准，这种变化为将第二类和第三类数据资产纳入财务报表提供了可能。然而，这种变化尚未体现在我国的会计准则当中，待相关的准则同步修订之后，企业可将第二类和第三类数据资产进行表内确认。

第三节 数据资产入表的实施路径

前文探讨了数据资产为什么入表以及什么样的数据资产可以入表等问题，本节中我们将继续探讨在我国现行会计准则规定下，符合入表条件的数据资产应如何入表。从会计核算的角度来看，数据资产要完成入表需要经历会计确认、计量、记录和报告等环节，接下来我们将围绕这几个方面对数据资产入表的流程展开讨论。

一、数据资产的确认

会计确认的概念有广义和狭义之分。广义的会计确认包含了确认、计量、记录和报告全过程。《财务报告概念框架》指出，确认是指将符合财务报表要素（如资产、负债、权益、收入或费用）定义的项目捕获并纳入资产负债表或损益表的过程，并以文字和货币金额来描述这些项目。可见，广义的确认既要解决定性的问题又要解决量的问题。狭义上讲，确认是指通过一定的标准或方法判断一个项目是否应该确认、如何确认以及何时确认三个问题（周华、戴德明，2015），主要解决的是定性问题。因此，数据资产的确认需要解决的是将数据资产确认到什么项目以及什么时候确认数据资产的问题。

（一）数据资产的归属范畴

数据资源的资产属性在理论界和实务界都已经得到广泛认可。但有关数据资产具体应归属于哪一个资产项目尚且存在争议，归纳已有的研究成果主要形成了以下几种观点：一是认为数据资产和其他生产性的资产一样，是在生产过程中形成的并且能够长期重复使用为企业带来经济收益，因此可将其作为固定资产进行核算（李原等，2022）。二是认为数据资产具备无形资产可辨认、无实物形态的特征，应将其确认为无形资产（于玉林，2016；张俊瑞等，2020）。三是认为数据资产具备无形资产的某些特征，但由于数据资产存在一些独有的特性，如网络效应所导致的价值膨胀（几何级）与价值崩塌（断崖式），使其与无形资产和固定资产之间存在本质差异，应将其作为全新的一种资产类别如"数据资产"进行单独核算（孙永尧、杨家钰，2022；罗玫等，2023）。还有一种观点认为，对于数据资产究竟归属于何种资产，不应笼统地探讨，而应根据数据资产的持有目的来确定，对于企业内部使用的数据资产应确认为无形资产，对于企业日常活动中持有以备出售的数据资产应确认为存货。[①] 以下将根据我国现行的企业会计准则规定对数据资产可能归属的资产类别进行分析，从而归纳出数据资产具体的归属范畴和适用的会计准则。

1.固定资产。《企业会计准则第 4 号——固定资产》指出，"固定

---

① 财政部：《企业数据资源相关会计处理暂行规定（征求意见稿）》，2022 年 12 月 9 日，见 http://m.mof.gov.cn/tzgg/202212/P020221209412040514536.pdf。

资产，是指为生产商品、提供劳务、出租或经营管理而持有的，使用寿命超过一个会计年度的有形资产"。对数据资产而言，虽然使用周期通常超过一年，但其主要是以数字、声音、图片、影像或文字等形态存在的，与有形资产存在本质区别，因此并不适合将其归属为固定资产。

2. 无形资产。根据《企业会计准则第 6 号——无形资产》（以下简称"无形资产准则"）中的定义，"无形资产，是指企业拥有或者控制的没有实物形态的可辨认非货币性资产"。该定义体现了无形资产的三大基本特征：无实物形态、可辨认、非货币性。

针对数据资产是否具有实物形态，目前存在两种观点：一种观点认为，数据通常以二进制串的形式存在于存储介质中，占据了存储介质的物理空间，是真实存在的，而且是可感知、可度量和可处理的，具备物理属性和存在属性，从这点来看，并非完全没有实物形态（叶雅珍、朱扬勇，2021）；另一种观点认为，区分资产是否有实物形态的一个重要标准是看其价值和资产形态之间的关联程度，机器设备等有形资产的价值通常与其实物的新旧程度之间存在较强的关联性。对数据资产而言，其存储介质的新旧程度，具体以什么类型的代码和语言来表达，似乎对其价值不存在重大影响，而且数据资产本身不存在物理损耗，具有价值易变性和共享性等特征，这些特征与实物资产具有本质区别，应将其归属于无实物形态的资产。

对于数据资产是否具备可辨认性特征，应当结合无形资产准则规定的可辨认性标准进行判断。根据无形资产准则规定，资产满足以下条件之一的，则符合无形资产的可辨认标准：（1）能够从企业中分离或者划分出来，并能单独或者与相关合同、资产或负债一起，用于出售、转移、授予许可、租赁或者交换；（2）源自合同性权利或其他法定权利，无论这些权利是否可以从企业或其他权利和义务中转移或者分离。对数据资产而言，绝大部分数据是可以从企业中分离出来形成数据产品用于出售或通过采集、开发、分析等过程形成数据库服务于企业的智能化决策。此外，由于数据资产具备通用性和流通性等特征，具备通过合同或法律授权的可能性，但针对数据资产目前尚未形成完善的法律保护体系，这也是急需解决的问题。综合来看，数据资产具备无形资产的可辨认性特征。

根据《企业会计准则第 7 号——非货币性资产交换》中的定义，"货币性资产，是指企业持有的货币资金和收取固定或可确定金额的货币资金的权利"。非货币性资产则是指货币性资产以外的资产。非货币性资产有别于货币性资产的本质特征是未来产生经济利益带来的货币金额是不固定或不确定的，对数据资产而言显然是符合非货币性资产特征的。

综上所述，数据资产兼具无形资产无实物形态、可辨认、非货币性三大特征，将其归属于无形资产类别是合理的，这也与国际会计准则制定机构有关扩大无形资产会计确认范围，提出将包含数据在内的更多无形资产纳入财务报表的修订趋势是一致的。

3. 存货。《企业会计准则第 1 号——存货》(以下简称"存货准则")指出，"存货，是指企业在日常活动中持有以备出售的产成品或商品、处在生产过程中的在产品、在生产过程或提供劳务过程中耗用的材料和物料等"。这一定义强调了存货的产品或商品属性，以及持有的目的是用于出售，并未规定存货的形态，也就是说存货既可以是有实物形态的，又可以是无实物形态的。因此，无实物形态的数据资产也可能纳入存货的范畴进行核算。对数据资产而言，如果企业利用外购数据或自行搜集的数据开发出用于销售的数据产品，例如国泰安、万得等数据产品提供商持有数据的主要目的是用于出售，这些企业可以将数据资产作为存货进行核算。但需要注意的是，在存货的定义中还强调了"日常活动"，也就是说企业对存货的销售应该是持续性、长期性的活动，对某些企业而言，当数据资产的出售频率不高，不足以被认定为是日常经营活动时，该数据资产不能作为企业的存货核算。

此外，对于应将数据资产作为一类全新的资产进行核算这一观点，我们认为如果新设"数据资产"类别需要突破现有会计制度专门为此设计一套新的会计准则，这种方案的实施难度和成本较高，实践中专门为某一行业构建一套会计准则的情况也非常罕见，因此当前更容易落地的方案是对现行的准则进行修订，将数据资产匹配到适合的资产类别进行核算。

综上所述，针对数据资产应归属何种资产类别，我们认为可参考《企业数据资源相关会计处理暂行规定》的思路按持有目的分场景讨论：对企业持有内部使用的数据资产，应按照无形资产准则的相关规定进行确认；对企业日常活动中持有以备出售的数据资产，应该按存货准则的相关规定进行确认。

（二）数据资产的确认时点

现行准则对不同方式获取的数据资产确认时点的要求门槛不同，因此在讨论数据资产的确认时点时需要考虑数据资产的形成方式，企业获取数据资产通常有两种方式：外部获取和内部形成。

1.外部获取数据资产的确认时点

企业对外部获取的数据资产应在取得控制权时进行确认。取得控制权，意味着数据资产的财产权和相关的风险和报酬已经转移到企业。此外，有些交易并不涉及数据资产的权利转移，例如企业通过许可使用的方式获取的数据资产，虽未获得数据资产的经营权，对企业而言实际上已经控制了与数据资产相关的大部分经济利益，此时应根据"实质重于形式"的原则在获得使用权时对数据资产进行确认。然而，在有些情况下企业仅获取了数据资产的使用权，企业无法再通过外部交易方式获得与该数据资产相关的未来经济利益时，相关的支出应该计入当期损益，不能确认为企业的资产。

2. 内部形成数据资产的确认时点

企业内部形成的数据资产应在数据资产达到预定可使用状态时进行确认。企业内部开发数据资产的步骤一般包括数据的获取、确认、预处理、分析、挖掘、应用等。[①] 内部开发形成数据资产确认时点的确定可参照无形资产准则的规定，将数据资产的开发过程分为研究阶段和开发阶段，不能区分研究阶段和开发阶段或者研究阶段和开发阶段不满足资本化条件的相关支出应计入当期损益；对于开发阶段的支出满足资本化[②]条件的，相关支出可在数据资产达到预定可使用状态时确认为资产。对于研究阶段和开发阶段的支出，在发生时可设置"研发支出——费用化支出——××数据"和"研发支出——资本化支出——××数据"进行归集，待达到预定可使用状态后再将相关的费用化支出结转为当期损益（如管理费用），将相关的资本化支出结转到"无形资产——××数据"科目。

---

① 中国通信研究院：《数据资产化：数据资产确认与会计计量研究报告（2020年）》，见 http://www.caict.ac.cn/kxyj/qwfb/ztbg/202012/t20201209_365644.htm。

② 资本化和费用化是会计中的两种不同的处理方式。资本化是指企业某一项支出不能一次性计入当期损益，而应计入某一项资产的成本，通过逐渐折旧或摊销的形式分批进入成本费用，并通过销售产品的形式获得补偿。而费用化则是指企业某一项支出不符合长期资产的确认条件，不能计入该资产的成本，而应计入当期费用进入当期损益，以确保财务报表准确反映企业的经济状况。

二、数据资产的计量

会计计量是指对拟入表的会计要素①，按照规定的会计计量属性进行量化赋值，确定其货币金额的过程（周华、戴德明，2015）。可见，会计计量主要解决的是选用什么样的方式来定量的问题。按照我国《企业会计准则》的提法，数据资产的计量可分为初始计量和后续计量。数据资产的初始计量，是指对已经确认的数据资产的货币金额首次加以衡量和确定，作为数据资产的初始成本入账。数据资产的后续计量，是指当有确凿的证据表明已被记录的数据资产价值在初始计量后出现增加或减少的变动时进行的再计量，主要用于确定数据资产在每个资产负债表日应当在资产负债表上列示的金额。在明确会计主体和数据资产的持有目的后，数据资产的计量主要解决以下一些问题：应选择何种计量属性？初始成本如何确定？数据资产价值发生增减变动时如何处理？数据资产预期不再为企业带来经济利益时如何处置？以下将根据企业持有数据资产的不同目的，分别围绕这些问题展开讨论。

（一）持有内部使用的数据资产的会计计量

结合前文的分析可知，企业持有内部使用的数据资产应确认为无形资产，因此对这类数据资产的计量可按照现行的无形资产准则的相关要求进行处理。

---

① 会计准则规定了六大会计要素：资产、负债、所有者权益、收入、费用和利润。

数据资产化

1.初始计量

根据我国现行的无形资产准则和《国际会计准则第 38 号——无形资产》（以下简称"IAS 38"）要求，无形资产应按照成本进行初始计量，因此对企业持有内部使用的数据资产应按照取得成本进行初始计量。采用不同方式获取的数据资产，其初始成本的确定有所不同。数据资产的获取方式主要有外部获取和内部形成两类，其中外部获取可能有购买、投资者投入、与其他企业的非货币性资产交换、债务重组和企业合并等方式，内部形成的数据资产主要包括自主开发和伴随企业生产经营活动产生的数据。

（1）外部购买的数据资产。企业从外部购买的数据资产，初始入账成本应该包括购买价款、支付的相关税费以及直接归属于使该数据资产达到预定用途所发生的其他支出，例如，数据加工过程中发生的数据标注、整合、分析等支出，数据开发人员的工资，数据云平台的建设维护费，软件成本，相关硬件设备的折旧费以及分摊的期间费用等。当企业采用超过正常的信用条件延期付款方式购买数据资产时，实质上是具有融资性质的，数据资产的初始成本应以购买价款的现值为基础确定。实际支付价款和现值之间的差额，除按照《企业会计准则第 17 号——借款费用》应予以资本化的以外，应该在信用期间内计入当期损益。

（2）投资者投入的数据资产。投资者投入的数据资产，初始入账成本应按照投资合同或协议约定的价值确定，但合同或协议约定价值不公允的除外。

（3）其他外部渠道获取的数据资产。企业通过与其他企业的非货币性资产交换、债务重组和企业合并等方式获取的数据资产，可分别按《企业会计准则第 7 号——非货币性资产交换》《企业会计准则第

12 号——债务重组》《企业会计准则第 20 号——企业合并》的规定确定数据资产的初始入账成本。

（4）企业内部形成的数据资产。伴随企业生产经营活动形成的数据资产，如果企业能够合理归集与数据资产相关的支出，则可按照实际支出作为数据资产的初始入账成本，如果无法确定与数据资产相关的支出，则在相关支出发生时计入当期损益。企业自主开发形成的数据资产，初始入账成本为满足"资本化"时点至数据资产达到预定用途时所发生的支出总额。企业自主开发数据资产的支出，应按无形资产准则的规定区分数据研究阶段支出和数据开发阶段支出。研究阶段是探索性的，主要是指为进一步开发数据活动进行的资料准备，在这一阶段已进行的相关研究活动是否会进入开发阶段，数据资产是否能形成都具有很大的不确定性。例如，为开发新的数据资产而进行的市场需求分析，对相关研究成果和知识的学习，对数据开发技术、数据运营平台的对比和选择等活动均属于研究阶段的活动。研究阶段的活动完成后则进入开发阶段，开发阶段意味着在很大程度上具备形成数据资产的基本条件，例如对数据运营平台的建立，依据数据的应用场景对数据进行挖掘、分析、验证、清理等均属于开发阶段的活动。

根据无形资产准则的规定，我们认为企业内部自主开发数据资产的支出，属于研究阶段的支出，应当予以费用化，计入当期损益。开发阶段的支出，同时满足以下条件的，计入数据资产的初始成本：1）完成该数据资产以使其能够使用或出售在技术上具有可行性；2）具有完成该数据资产并使用或出售的意图；3）数据资产产生经济利益的方式，包括能够证明运用该数据资产生产的产品存在市场或数据资产自身存在市场，数据资产将在内部使用的，应当证明其有用性；4）有足够的技术、财务资源和其他资源支持，已完成该数据资产的开发，并有能力使用或出售该数据资产；5）归属于该数据资产开发阶段的支出能够可靠地计量。不能满足上述条件的开发阶段的支出应计入当期损益。

前文详细阐述了在现行无形资产准则规定下企业持有内部使用的数据资产的初始计量的处理方式，然而，需要注意的是完全按照现行无形资产准则的规定对数据资产进行初始计量也存在一定的局限性。

首先，采用历史成本属性对数据资产进行计量通常难以体现数据资产的内在价值，尤其是对那些伴随企业生产经营活动形成的数据资产而言，真正归属于数据资产的加工成本可能很少，如果仅将这些加工成本资本化，会导致这类数据资产的价值被严重低估。各国的准则制定机构也关注到了采用历史成本属性对包括数据资产在内的无形资产计量的局限性。早在 2008 年，澳大利亚会计准则委员会对会计报表编制者和分析师展开了一项调研，多数受访者表示公允价值能够更加准确地反映资产预期未来现金流，更能够向使用者提供价值相关的信息，哪怕是第 2 层级和第 3 层级的公允价值，也明显优于历史成本提供的信息。最新修订的《财务报告概念框架》中有关"不确定性"的描述①也为将公允价值，甚至是与数据资产相关的一些独特的计量方式纳入数据资产的会计核算提供了理论基础。2022 年 10 月，浙江省财政厅发布的《数据资产确认工作指南（征求意见稿）》提出，对数据资产可优先选择历史成本法、公允价值法、数据因素法、评估计量法等进行价格计量。当然，现阶段这些研究结论尚未体现到具体的会计准则当中，数据资产的初始计量还需按照现行准则的规定优先考虑历史成本，未来需紧密关注相关会计准则的变化趋势。此外，采用

---

① 在本章第五节中将详细阐述。

历史成本以外的计量方式要依靠成熟的数据交易市场作为支撑，因此需要尽快建立统一规范的数据交易平台，提高平台的活跃度和交易量，为可靠计量数据资产创造有利条件。

其次，现行会计准则对于内部研发的无形资产资本化时点的门槛要求过高，大量企业在论证达到这些确认标准时，能够计入无形资产入账价值的金额也非常有限，导致最终在资产负债表中记录的无形资产金额并不高，大量的研发费用进入到利润表中。Ma和Zhang（2023）在其研究中调查了IAS 38对高科技行业研发资本化的影响，发现这些严格的标准阻碍了高科技企业对其研发投资进行资本化。企业在确定自主开发数据资产的资本化金额时也会面临同样的挑战。但出于谨慎性考虑，我们认为现阶段企业自主开发数据资产的资本化时点的确定，需要充分考虑现行会计准则规定并能够提供确凿的支持证据。具体确定资本化时点的方法可参考以下研究的思路。

Ma和Zhang（2023）提出采用里程碑式的方法修订内部研发无形资产的确认标准，具体可根据研发周期和资本化时间来确定无形资产的资本化标准。

此外，考虑到数据资产和软件的相似性，在确定内部开发数据资产的资本化时点时也可参考软件的相关处理。2023年1月，美国财务会计准则委员会（FASB）在一份有关《软件成本的核算和披露》的暂行决定中提出，所有直接的软件开发成本和软件增强成本从以下时间点开始资本化：1）软件项目有可能完成；2）软件将用于执行预期功能。在软件基本完成并可用于预定用途之后发生的软件开发成本和持续的维护成本将在发生时记为支出。

闫华红和闫佳睿（2022）认为，软件企业可以通过建立技术可行性标志来解决资本化时点确定难的问题，当企业完成了产品需求说明书配套的详细设计方案或者产品原型通过了初级测试，则意味着具备技术可行性条件。

中国通信研究院在其发布的《数据资产化：数据资产确认与会计计量研究报告（2020 年)》中提出，数据的获取、确认、预处理阶段数据价值不确定性及风险较大，发生的成本支出可以全部费用化，计入当期损益；数据的分析、挖掘、应用步骤带来经济效益的确定性较高，该步骤的支出满足资本化条件的可进行资本化处理，计入数据资产成本。在实践中，有些企业还会以产品开发立项时作为资本化开始的时点，例如中兴通讯。

2.后续计量

根据我国现行的无形资产准则的要求，无形资产应按照成本模式进行后续计量。因此，数据资产应遵循无形资产的后续计量方式。在成本模式下，数据资产在资产负债表日应按照账面价值减去累计摊销金额和减值损失金额计量。

（1）数据资产使用寿命的确定。企业取得数据资产时，需要对其使用寿命进行分析和判断，以确定数据资产是否应被归类为使用寿命有限或使用寿命不确定的数据资产。对于使用寿命的确定，首先需要考虑数据资产本身是否有合同性权利或其他法定权利。如果存在这些权利，数据资产的使用寿命不应超过合同期限或法定权利的期限。如果合同期限到期后可以续约且不需要付出大量成本，续约期应计入使用寿命。对于没有合同性权利或法定权利的数据资产，企业应该综合考虑多种因素来确定其使用寿命。这包括参考历史经验、同行业比较和专家意见等。如果以上方法都不能合理确定使用寿命，则该数据资产应视为使用寿命不确定的数据资产。在确定数据资产的使用寿命时，通常需要考虑以下因素：1）生产产品所用数据资产的通常使用寿命以及可获取的类似数据资产的使用寿命信息；2）现有技术、工艺等方面的情况以及未来发展趋势的估计；3）以该数据资产生产的产品或提供服务的市场需求情况；4）现在或潜在的竞争者预期采取的行动；5）为维持该数据资产带来经济利益能力的预期维护支出，以及企业预计支付有关支出的能力；6）对该数据资产控制期限的相关法律规定或类似限制，如特许使用期限、租赁期限等；7）与企业持有其他资产使用寿命的关联性等。

（2）数据资产的摊销。根据现行无形资产准则的规定，取得时划分为使用寿命有限的数据资产的，应对其在使用寿命内系统合理摊销，划分为使用寿命不确定的数据资产不需要进行摊销。需要摊销的数据资产，其摊销期限应当自数据资产可供使用时起至不再作为数据资产确认时止。企业应按月计提数据资产摊销，摊销方法应该反映与该项数据资产有关的经济利益的预期实现方式，例如当有证据表明数据资产为企业创造的经济利益随时间呈现递减规律，则可采用加速摊销的方式。无法可靠确定数据资产预期经济利益的实现方式的，应当采用直线法进行摊销。数据资产的应摊销金额（即整个数据资产使用年限内需要摊销的总金额）为其成本减去预计残值和减值准备后的金额。对使用寿命有限的数据资产，其预计残值通常应当视为零，除非有第三方承诺在数据资产使用寿命结束时购买该数据资产，或是该数据资产的预计残值可以根据活跃市场得到且该市场在数据资产使用寿命结束时很可能存在。数据资产的摊销金额一般应该计入当期损益，但当某项数据资产包含的经济利益通过所生产的产品或其他资产实现的，其摊销金额应当计入相关资产的成本。

（3）数据资产的减值。企业应该在资产负债表日判断数据资产是否存在可能发生减值的迹象，对使用寿命不确定的数据资产，无论是否存在减值迹象，每年都应当进行减值测试。根据《企业会计准则第8号——资产减值》（以下简称"资产减值准则"）的规定，可知当数据资产存在下列迹象的，表明其可能发生了减值：1）数据资产的市价当期大幅度下跌，其跌幅明显高于因时间的推移或者正常使用而预计的下跌。2）企业经营所处的经济、技术或者法律等环境以及数据资产所处的市场在当期或者将在近期发生重大变化，从而对企业产生不利影响。3）市场利率或者其他市场投资报酬率在当期已经提高，从而影响企业计算数据资产预计未来现金流量现值的折现率，导致数据资产可收回金额大幅度降低。4）有证据表明数据资产已经过时或者其已经毁损。5）数据资产已经或者将被闲置、终止使用或者计划提前处置。6）企业内部报告的证据表明数据资产的经济绩效已经低于或者将低于预期，如数据资产所创造的净现金流量或者实现的营业利润（或者亏损）远远低于（或者高于）预计金额等。7）其他表明数据资产可能已经发生减值的迹象。

　　根据资产减值准则的规定，当数据资产存在上述减值迹象的，应当估计其可回收金额。数据资产的可回收金额应当根据数据资产的公允价值减去处置费用后的净额与数据资产预计未来现金流量的现值两者之间的较高者确定。数据资产的处置费用应包括与数据资产处置有关的法律费用、相关税费以及为使数据资产达到可销售状态所发生的直接费用等。数据资产的预计未来现金流量现值和数据资产公允价值减去处置费用后的净额，只要有一项超过了数据资产的账面价值，则表明数据资产并未发生减值，不需要再估计另一项的金额。当数据资产的可回收金额低于账面价值的，应将数据资产的账面价值减记至可回收金额，减记的金额确认为数据资产的减值损失，计入当期损益，同时针对数据资产计提相应的资产减值准备。当数据资产确认减值损失后，未来期间在进行摊销时，应摊销金额应当在扣除预计净残值的基础上再扣减相应的减值准备金额，以使该数据资产能够在剩余的使用寿命内，系统分摊其调整后的应摊销金额。需要注意的是，根据我国现行的会计准则规定，数据资产的减值损失一经确认，在以后的会计期间内不得转回，这意味着在以后期间即使以前减记数据资产价值的影响因素已经消失，也不得将减记的数据资产的金额恢复。

此外，对使用寿命有限的数据资产，企业还应在每年年末对其使用寿命及摊销方法进行复核，当出现跟以前估计情况不同时，应对数据资产的摊销期限和摊销方法进行调整。对使用寿命不确定的数据资产，企业应当在每个会计期间对其使用寿命进行复核，如果有证据表明数据资产的使用寿命是有限的，应当估计数据资产的使用寿命，并将其在未来期间调整为使用寿命有限的数据资产进行处理。

（4）数据资产的处置和报废。企业出售数据资产，应当按照取得价款与该数据资产的账面价值差额计入当期损益。数据资产预期不能为企业带来经济利益的，应当将该数据资产的账面价值予以转销。

前文根据我国现行的会计准则相关规定，详细阐述了企业持有内部使用的数据资产的后续计量程序。考虑到数据资产本身具备的独特性，完全按照现行会计准则的规定对数据资产进行后续计量难免会存在一些局限：一方面，现行无形资产的摊销方式并不完全适用于数据资产，数据资产与无形资产最大的区别在于其价值易变性，随着数据规模的增大，数据资产的价值可能出现指数级的增长，也可能因数据的过时导致数据资产价值的断崖式下跌，因此传统的直线折旧或产量折旧等方式可能不适用于数据资产；另一方面，成本模式下仅围绕数据资产的初始成本进行摊销和减值测试，无法考虑数据资产增值的情况，这种计量模式可能无法完全适用于价值随时处在变化中的数据资产。

值得关注的是，IAS 38 规定，无形资产的后续计量除了成本模式以外，还可以采用重估值模式。在现行的重估值模式下，资产负债表日数据资产应按照重估金额入账，即重估日的公允价值扣除任何后续累计摊销和任何后续减值损失。根据现行 IAS 38 规定，采用重估值模式对数据资产进行后续计量时，不允许对以前未确认为资产的数据资产重估，也不允许数据资产按成本以外的计量属性进行初始计量。采用重估值模式时，在每个资产负债表日，当数据资产的公允价值高于其账面价值时，超出部分的金额应当计入其他综合收益（OCI），而非当期损益（即公允价值变动损益），这种操作的好处是高出部分的金额并不会影响利润，在一定程度上避免了企业的业绩操纵。当资产负债表日，数据资产的公允价值比账面价值低时，差额部分应当计入当期损益，会降低当期的利润总额（罗玫，2019）。需要说明的是，重估值模式下的公允价值应当依照《国际财务报告准则第 13 号——公允价值计量》中所要求的活跃市场进行计量，活跃市场意味着数据资产的交易需要存在交易量最大和交易活跃程度最高的市场，即能为相关数据资产持续提供价格信息，或者至少存在扣除交易费用和运输费用后能以最高的价格出售相关数据资产的市场。在我国数据交易市场尚处在培育阶段的背景下，数据交易市场的活跃度不够，数据产品数量缺乏、质量参差不齐，无法满足活跃市场的要求。因此，我国目前尚且不具备采用重估值法对数据资产进行后续计量的市场条件。

综上所述，虽然企业持有内部使用的数据资产按现行无形资产准则规定计量存在不足之处，但数据资产入表是一个循序渐进的过程，不能盲目求快而打破现有的规则。因此，我们认为数据资产入表的第一步是在现行准则规定的框架下将符合条件的数据资产纳入会计报表，对相关企业而言这是最为谨慎的方式。

（二）持有以备出售的数据资产的会计计量

企业持有以备出售的数据资产符合确认为存货的，可参照我国现行的存货准则的相关规定进行会计处理。

1.初始计量

依据现行存货准则的规定，确认为存货的数据资产应当按照成本进行初始计量。不同方式获取的数据产品①，其初始成本的确定有所不同。

（1）外购的数据产品。企业外部购买的数据产品初始成本应包括采购成本、加工成本和其他成本。其中采购成本包括原始数据的购买价款、相关税费、注册费、网络费、手续费、服务费等以及其他可归属于数据产品采购成本的费用。加工成本包括直接人工和按照一定方法分配的制造费用。制造费用是指企业为开发数据产品和提供劳务而发生的各项间接费用，包括数据开发部门发生的水电费、固定资产折旧、无形资产摊销、管理人员的工资、劳动保护费、国家规定的有关环保费用、季节性和修理期间的停工损失等。企业应当根据制造费用的性质，选择合适的分配方法将制造费用分摊至数据产品的成本中。企业同时加工两种或两种以上数据产品，且每种数据产品的加工成本不能直接区分的，其加工成本应该按照合理的方法在各种数据产品之间进行分配。其他成本，是指除采购成本和加工成本之外的，使数据产品达到目前平台和状态的其他支出。此外，应当计入数据产品成本的借款费用，按照《企业会计准则第 17 号——借款费用》处理。

---

① 为与前文确认为无形资产的数据资产相区别，在本部分中将确认为存货的数据资产统称为"数据产品"。

需要说明的是，以下费用不应该计入数据产品的成本，而应在发生时确认为当期损益：1）非正常消耗的直接材料、直接人工和制造费用；2）数据存储费用（不包括在生产过程中为达到下一个加工阶段所必须的存储费用）；3）不能归属于使数据产品达到目前平台和状态的其他支出。

（2）投资者投入的数据产品。投资者投入的数据产品的成本，应当按照投资合同或协议约定的价值确定，但合同或协议约定的价值不公允的除外。

（3）其他方式获取的数据产品。企业通过与其他企业的非货币性资产交换、债务重组和企业合并方式获取的数据产品，可分别按《企业会计准则第7号——非货币性资产交换》《企业会计准则第12号——债务重组》《企业会计准则第20号——企业合并》的规定确定数据产品的初始入账成本。

2.后续计量

根据现行存货准则的要求，存货的后续计量应当按照成本与可变现净值孰低计量。因此，在每个资产负债表日，数据产品应当按照成本与可变现净值孰低计量。可变现净值，是指在日常活动中，数据产品的估计售价减去至完工时估计将要发生的成本、估计的销售费用及相关税费后的金额。企业在确定数据产品的可变现净值时，应当考虑数据产品的持有目的、资产负债表日后事项的影响等因素，并提供确凿的证据支撑。确凿证据，是指对确定数据产品的可变现净值有直接影响的客观证明，如数据产品的市场销售价格、与数据产品相同或类似的数据产品的市场销售价格、销货方提供的有关资料和生产成本资料等。

（1）数据产品可变现净值的确定。依据存货准则，数据产品的可变现净值的特征表现为其预计未来净现金流量，而非数据产品的售价或合同价。也就是说，企业预计的销售数据产品的现金流量，并不完全等于数据产品的可变现净值，还需要在销售数据产品预计未来现金流量的基础上扣除在销售过程中可能发生的销售费用和相关税费，以及为达到预定可销售状态还可能发生的加工成本等相关支出，才能确定数据产品的可变现净值。在实际中，可能还需要给不同类型数据产品确定可变现净值。对于可直接用于出售的数据产品，在正常生产经营过程中，应该以该数据产品的估计售价减去估计的销售费用和相关税费后的金额，确定其可变现净值；需要经过加工的原始数据或半成品数据产品，在正常生产经营过程中，应当以所生产的产成品的估计售价减去至完工时估计将要发生的成本、估计的销售费用和相关税费后的金额，确定其可变现净值；为执行销售合同或劳务合同持有的数据产品，其可变现净值应当以合同价格为基础计算；企业持有数据产品的数量多于销售合同订购数量的，超出部分的数据产品的可变现净值应当以一般销售价格为基础计算。

（2）数据产品减值。依据存货准则，每个资产负债表日，企业应该确认数据产品的可变现净值。当可变现净值低于数据产品成本的，应当计提数据产品跌价准备，并计入当期损益。为加工而持有的原始数据等，用其加工完的数据产品的可变现净值高于成本的，该原始数据仍然按照成本计量；原始数据的价格下降表明加工完的数据产品的可变现净值低于成本的，该原始数据按照其可变现净值计量。通常而言，企业应当按照单个数据产品项目计提数据产品的跌价准备，对于数量繁多、单价较低的数据产品，可按照数据产品类别计提数据产品的跌价准备。与在同一地区加工和销售的数据产品系列相关、具有相同或类似最终用途或目的，且难以与其他项目分开计量的数据产品，可以合并计提数据产品的跌价准备。需要说明的是，与确认为无形资产的数据资产减值准备不可转回的规定不同，当在资产负债表日有证据表明以前减记的数据产品价值的影响因素已经消失的，减记的金额应当予以恢复，并且恢复的金额不得超过原已计提的数据产品的跌价准备，转回的金额应当计入当期损益。

（3）数据产品销售时对应销售成本的确定。依据存货准则，企业销售数据产品的实际成本应采用先进先出法、加权平均法或者个别计价法确定。对于性质和用途相似的数据产品，应当采用相同的成本计算方法确定售出的数据产品的成本。对于不能替代使用的数据产品、为特定项目专门购入或加工的数据产品以及提供劳务的成本，通常采用个别计价法确定数据产品的成本。对于已售数据产品，应当将其成本结转为当期损益，相应的数据产品跌价准备也应当予以结转。

（4）数据产品的毁损和处置。企业的数据产品出现毁损的，应当将处置收入（若有）减去账面价值和相关税费后的金额计入当期损益。数据资产的账面价值等于数据产品的成本扣减累计跌价准备后的金额。数据资产盘亏造成的损失，应当计入当期损益。

三、数据资产的会计科目设置

在明确数据资产的确认和计量程序后，我们将继续探讨具体应设置何种会计科目对数据资产进行核算。以下将依据我国现行的会计准则规定，分别对按无形资产核算的数据资产的会计科目设置和按存货核算的数据资产的会计科目设置进行阐述。

1. 确认为无形资产的数据资产的会计科目设置

如前文所述，考虑到制度突破性和落地可行性等因素，我们认为企业持有内部使用的数据资产应确认为无形资产，并在"无形资产"科目下设二级科目核算。光大银行发布的《商业银行数据资产会计核算研究报告》率先提出数据资产使用权、数据资产经营权列入"无形资产"二级科目进行会计核算。我们认为，是否应该将数据资产按单独的某项权利核算值得商榷。一方面，实务中存在一个数据具备多重权利属性的情况，如果按具体的权利核算，难以分摊每项权利的具体核算金额。另一方面，这种核算方式也不符合 IASB 2018 的理念，IASB 2018 第 4.11 段指出："原则上，实体的每项权利都是一项单独的资产。然而，出于会计目的，相关权利通常被视为一个单一的账户单位，即一项资产……"同时，第 4.12 段提到，"在许多情况下，由对实体的合法所有权产生的一系列权利被作为一项资产进行核算。从概念上讲，经济资源是一组权利，而不是实体。尽管如此，将权利集合描述为资产往往提供了最简洁易懂的方式忠实地表达这些权利"。

　　因此，我们认为更好的方式是直接在"无形资产"科目下设置"××数据"二级科目核算，设置构想如表 6-1 所示。

表 6-1　内部使用数据资产的主要科目设置

一级科目编号	科目设置	科目介绍
1701	无形资产——××数据	非流动资产类科目，核算内部使用数据资产的成本
1702	累计摊销——××数据	备抵科目，核算企业对使用寿命有限的数据资产计提的累计摊销
1703	无形资产减值准备——××数据	备抵科目，核算企业数据资产发生减值时计提的减值准备
5301	研发支出——费用化支出——××数据	归集企业自行研发数据资产发生的支出中不满足资本化条件的
5301	研发支出——资本化支出——××数据	归集企业自行研发数据资产发生的支出中满足资本化条件的

2.确认为存货的数据资产的会计科目设置

根据存货的定义可知，作为存货核算的数据资产在企业中所处的状态通常包括用于进一步加工的原始数据、处在加工过程中的在产品和半成品数据、加工完成达到销售状态的数据产品等。依据现行的存货准则规定并考虑数据本身的独特性，我们认为可通过"原材料——××原始数据"科目核算企业取得的用于进一步加工的原始数据的成本。对于处在加工过程中的在产品和半成品数据的核算需要视情况而定，当数据产品由企业自行加工时，可通过"生产成本——××数据"科目归集数据在加工过程中所发生的直接材料、直接人工等直接成本，通过"制造费用"科目核算数据在加工过程中所发生的各项间接费用；当企业委托第三方加工数据产品时，可设置"委托加工物资——××数据"科目核算企业委托外单位加工的各类数据产品的实际成本。对于加工完成达到销售状态但还未销售的数据产品，企业可设置"库存商品——××数据产品"科目进行核算。此外，对于资产负债表日企业持有的存货数据的减值，企业可设置"存货跌价准备——××数据"科目核算。具体的会计科目设置构想如表6-2所示。

表6-2　持有以备出售数据资产的主要科目设置

一级科目编号	科目设置	科目介绍
1403	原材料——××原始数据	核算企业库存的用于进一步加工的各种原始数据的成本
1405	库存商品——××数据产品	核算企业各种产成品数据产品的成本，包括库存的数据产品、外购的用于出售的数据商品等
1408	委托加工物资——××数据	核算企业委托外单位加工的各类数据产品的实际成本，本科目期末借方余额，反映企业委托外单位加工尚未完成数据产品的实际成本

一级科目编号	科目设置	科目介绍
5001	生产成本——××数据	核算企业加工各种数据产品发生的直接材料、直接人工等直接成本，本科目期末借方余额，反映企业尚未加工完成的在产品数据成本
5101	制造费用	核算企业数据加工部门为加工数据产品和提供劳务而发生的各项间接费用，包括相关的机物料消耗、数据加工部门管理人员的工资、相关固定资产的折旧、水电费等
1471	存货跌价准备——××数据	核算企业各类存货数据资产发生的减值

四、数据资产的报告

符合确认条件的数据资产在完成会计确认、计量、记录等处理程序后，还需要在财务报表中列示，并在财务报表附注中提供相关的补充说明信息。对上市公司而言，还需要在年度报告或是其他定期报告中披露更加充分的数据资产信息，以便向信息使用者提供更多决策有用的信息。以下将详细阐述符合表内确认数据资产的表内列示和表外披露。

（一）表内列示

1. 确认为无形资产的数据资产表内列示

确认为无形资产的数据资产在财务报表中如何列示需要考虑数据资产是否开发完成。开发完成的数据资产，需要在资产负债表的非流动资产下的"无形资产"中列示。资产负债表中的"无形资产"项目汇总了截至当前资产负债表日企业拥有的所有无形资产账面净值总额，其中无形资产的账面净值等于无形资产原值扣减累计摊销和无形资产减值准备，也就是说"累计摊销"和"无形资产减值准备"是无形资产在日常账务处理中的核算科目，无形资产的摊销和减值准备计提完毕后不会在报表中显示。在资产负债表中将所有类型的无形资产账面净值汇总金额填列的优点是报表更加简洁，但其缺点就是使用者无法一目了然获取企业无形资产种类的相关信息。在数字经济崛起的背景下，无形资产对企业的价值不言而喻，但不同的无形资产能为企业创造的价值不同，甚至存在天壤之别，有必要在"无形资产"项目下增设企业无形资产的明细类别，为使用者提供更相关的信息。因此，我们建议在资产负债表的"无形资产"项目下增设无形资产的明细项目，例如"数据资产""专利权""其他"等，直观清晰展示企业主要的无形资产类别。

处在开发过程中的数据资产，应按照"无形资产——资本化支出——××数据"科目归集的金额汇总列示在资产负债表的"开发支出"项目下，同样的"开发支出"项目汇总了企业所有处在开发过程中发生的支出，如有必要可在"开发支出"项目下增设包括"数据资产资本化"支出等在内的明细项目。处在开发过程中的数据资产的费用化支出，即"无形资产——费用化支出——××数据"归集的金额，汇总列示到利润表中的"研发费用"项目，同样的如有必要可在利润表的"研发费用"下设包括"数据资产研发费用"在内的明细项目，以便使用者能够更好理解企业的业绩质量，从而合理估计企业的未来现金流。

2. 确认为存货的数据资产表内列示

确认为存货的数据资产需要在资产负债表的流动资产下的"存货"项目中列示。在实务中，"存货"项目的列示可能有以下方式：根据总账科目余额填列、根据明细账科目余额计算填列、根据总账科目和明细账科目余额分析计算填列、根据有关科目余额减去其备抵科目余额后的净额填列以及综合运用上述填列方法分析填列。存货在资产负债表中的金额可通过以下公式计算出来：

存货金额 = 原材料 + 库存商品 + 委托加工物资 + 周转材料 + 材料采购 + 在途物资 + 发出商品 + 材料成本差异等 – 存货跌价准备等

可见，在资产负债表中存货也是一个汇总金额，无法体现具体的明细项目。如果企业数据资产存货涉及的金额较大，可以根据需求在存货项目下设立"数据存货"明细项目列示。

（二）财务报表附注中的披露

结合无形资产准则的规定，确认为无形资产的数据资产除了在表内列示外，还需要在财务报表中提供相关的信息，包括但不限制于：数据资产的期初和期末账面余额、累计摊销和减值准备累计金额；针对使用寿命有限的数据资产，还应提供其使用寿命的估计情况；对使用寿命不确定的数据资产，应说明将其归类为使用寿命不确定的依据、数据资产的摊销方法、用于抵押或担保的数据资产的账面价值、当期摊销额等情况以及数据资产研发过程中费用化和资本化的金额。在报表附注中还应披露尚未确认的数据资产的信息，包括有关其性质和由此产生的风险等信息。此外，企业针对数据资产进行评估的，还需要披露评估依据的信息来源，评估假设和限制条件，评估方法的选取，各重要参数的来源、分析、比较和测算过程等信息。

结合存货准则的规定，确认为存货的数据资产还需在报表附注中提供以下信息：各类数据资产存货的期初和期末账面价值；确定发出数据资产存货所采用的方法；数据资产存货的可变现净值的确定依据；数据资产存货跌价准备的计提方法，当期计提的金额，当期转回的跌价准备金额，以及计提和转回的有关情况；用于担保的数据资产存货的账面价值。

此外，考虑到数据资产的独特性，结合《企业数据资源相关会计处理暂行规定》要求，针对数据资产企业还可在财务报表附注中自愿披露以下信息：与数据资产形成相关的原始数据类型、规模、来源和权属等信息；数据资产的加工维护情况和相关的投入明细；数据资产的应用场景，包括内部应用场景、作价出资和交易流通等情况；数据资产涉及的重大交易或事项，如相关的投融资活动、质押、抵押、担保、债务重组、资产置换等；数据资产的法律权属信息和法律风险、使用限制等信息。

在披露过程中，企业可根据提供信息的类型（定量或定性）选取合适的可理解的披露形式。

（三）定期财务报告中的披露

对上市公司而言，仅依靠财务报表和报表附注中的信息难以满足信息使用者的需求，因此还需要进一步在年报、季报等定期财务报告中披露数据资产的补充信息。在现有的定期财务报告中，有关数据资产的信息通常会出现在核心竞争力分析、公司的主营业务介绍和公司未来展望等部分，这表明不同公司对所拥有的数据资产的定位和评价不同（张俊瑞等，2020）。在具体的披露过程中，上市公司可根据实际需求选择合适的位置披露，具体的披露形式和披露内容将在后续章节中进一步讨论。

第四节　未入表数据资产的披露

IASB 2018 第 5.11 段指出，"即使符合资产或负债定义的项目未被确认，主体也可能需要在附注中提供有关该项目的信息。更重要的是要考虑如何使此类信息足够明显，以弥补该项目在财务报表中的缺失"。2022 年 3 月，澳大利亚会计准则理事会（AASB）发布了《无形资产：通过改进披露减少财务报表信息缺口》[①] 报告，该报告指出，无形资产相关信息披露不足的现状堪忧，在鼓励或要求新的披露信息通过准则规定纳入财务报表的同时，也应当认可纳入随附的管理层评论或在财务报表的其他位置（特别是非强制性披露）进行披露。披露的原则应遵循在财务报表中披露对实现企业目标至关重要的各项未确认的内部产生的无形资产。可见，从提供有用信息的视角来看，"表内确认"和"表外披露"同等重要。尤其是对上市公司而言，将那些重要的但暂时无法满足现行准则规定确认标准的数据资产，以恰当的方式在表外披露，不仅有助于使用者对公司价值作出合理评估，也能更有效地反映出管理层的受托责任履行情况。以下我们将围绕未入表数据资产的披露内容、披露位置、披露方式和自愿披露还是强制性披露等问题展开讨论。

一、未入表数据资产的披露内容

AASB 在《无形资产：通过改进披露减少财务报表信息缺口》报

---

① Australian Accounting Standards Board, *Working Paper: Intangible Assets: Reducing the Financial Statements Information Gap through Improved Disclosures*，2022.

告中提出，主体未确认的内部产生的无形资产可能披露的信息内容可以分为财务信息、非财务定量信息、非财务定性信息和非财务非定量信息四类。报告还进一步确定了每种信息中应该披露的具体内容。借鉴该报告的分类和具体披露内容，我们建立了企业未入表数据资产相关信息的披露内容构想，详见表 6-3。在实际披露时，企业可根据自身数据资产的特点和需求选择相关的披露内容。

表 6-3　未入表数据资产的披露内容

信息类型	披露内容
财务信息	1. 与重要的未入表数据资产相关的已确认费用。在可明确区分费用类型时，应当按为本期收益而发生的费用和为将来受益而发生的费用披露本期发生的费用，同时披露：（1）区分是否将来受益的会计政策；（2）与将来受益相关的费用的当期发生额和过往支出的累计金额；（3）预计将来受益的期间。对无法区分是否将来受益的，应当披露这一事实。 2. 在能够可靠计量时，应当披露每项重要的未入表数据资产的成本金额即摊销和减值金额，以及与未来经济效益相关的不确定性信息。如成本无法可靠计量，应当披露这一事实。 3. 披露每项重要的未入表数据资产对企业财务影响，并说明与任何现金流入的金额或时间有关的不确定因素，除非现金流入的可能性很小。 4. 如果能够采用公允价值进行可靠计量，应当披露每项重要的未入表数据资产的公允价值，并补充以下信息：（1）由董事或独立评估师做出的会计估计的说明；（2）估计的生效日期；（3）公允价值评估的基础；（4）估值方法的关键假设，类似于公允价值会计准则及其相关披露的要求。如果公允价值无法可靠计量，应当披露这一事实。
非财务定量信息	非财务定量信息主要指可能被视为成本或费用信息及价值信息的替代信息。在能够可靠计量的情况下，有用的非财务定量信息应当如实反映各项重要的未入表数据资产对企业产生的潜在经济利益。还应当在可比和一致的基础上，披露比较期间或多个期间的计量方式，并对导致计量变化的因素进行解释。在不能够可靠计量的情况下，企业应当披露相关事实和情况。

续表

信息类型	披露内容
非财务定性信息	非财务定性信息包括描述性的、定性的背景信息和对各项重要的未入表数据资产的一般描述，且此类信息未通过其他三类信息进行披露。非财务定性信息具体包括：假设丧失数据资产对企业可能产生的财务或非财务影响，数据资产属性发生的变化（或者甚至与预算和预期的差异）及其原因，为纠正不利变化而采取的行动。另外，在具体程度方面，非财务非定量信息相比非财务定性信息更具体。
非财务非定量信息	（1）对重要的未入表数据资产的描述。（2）数据资产被列为重要的原因。（3）数据资产不符合相关确认条件的原因。（4）当经营分部可清晰识别时，使用数据资产的经营分部。（5）数据资产权属是否有任何法律限制，如果有，应当披露详细信息。（6）在该年度内数据资产的变动。例如，数据资产是否由内部新产生的，或持有待售、放弃、出售或任何出售计划变更，以及对出售的事实和情况的描述，或导致预期处置的描述，以及该处置的预期方式和时机。（7）数据资产的预期使用寿命是不确定的还是有限的，如果是有限的，披露预计使用寿命以及该使用寿命的任何重大变化；如果不确定，披露使用寿命不确定的原因，同时描述在确定数据资产使用寿命不确定方面的重要因素。

二、未入表数据资产的披露位置

《财务报告概念框架》第 BC1.4 段认为，"《财务报告概念框架》确立了财务报告的目标，而不仅仅是财务报表的目标"，表明财务报告中的信息披露位置还可能在财务报表之外。此外，《财务报告概念框架》第 3.3 段指出，"在其他报表和附注中，通过介绍和披露以下信息……尚未确认的资产和负债，包括有关其性质和由此产生的风险的信息……"在实践中，管理层评论（MD&A）是财务报告的重要组成部分，它是上市公司向外界提供前瞻性信息的重要窗口，大量的研究也证实了管理层评论中披露的信息能够有效降低企业与外界之间

的信息不对称,对公司财务信息的披露起到了有效的补充作用(Davis
和 Tama-Sweet,2012;Mayew et al.,2014;林晚发等,2022)。因此,
对企业而言,未入表数据资产可能的披露位置有:报表附注、管理层
评论以及其他位置。

企业可根据实际需求并结合信息的类型选择适合的披露位置。我
们认为,为避免未入表数据资产信息披露过于分散而降低信息的可理
解性,企业应优先选择在报表附注和管理层评论中披露重要的数据资
产相关信息。

三、未入表数据资产的披露形式

未入表数据资产应该采用什么样的形式披露取决于企业能提供
的数据资产信息类型。对于定性信息,企业应该在合适的位置提
供清晰的易于理解的文字描述。对于定量信息,可采用文字、表
格等形式披露。我们建议,对于重要的可计量的未入表数据资产,
可在报表附注中进行披露,具体的披露形式可采用构建关于数据
的"第四张报表"对数据资产进行定量披露,并对相关信息定性的
描述。

"第四张报表"的构想是由德勤联合上海国家会计学院等专业机
构提出来的,第四张报表体系以数据治理理论、估值理论和管理会计
理论等多学科交叉的学术理论为基础,搭建起了涵盖价值洞察、价值
驱动、价值管理的业财分析体系。根据德勤提出的理念并结合张俊瑞
和危雁麟(2021)的研究,我们尝试给出关于数据资产的"第四张报
表"的构想,详见表 6-4。

表 6-4　"第四张报表"构想

关键指标	本期数	上期数	变动数	单位
用户				
用户规模				
业务规模（客户资产规模等）				
用户质量（人均单日访问次数、人均单日使用时长）				
用户数据规模（交易数据、访问数据、特征数据等）				
用户数据积累年数				
用户数据潜力（数据存储投入、数据运维投入、数据挖掘投入等）				
用户数据规范性（数据安全保障投入、数据资产合规成本）				
渠道				
渠道结构				
渠道层次				
渠道数量				
渠道密度				
渠道质量（交易笔数、交易金额等）				
渠道可用性（月活跃用户数、累计登录次数等）				
渠道数据规模（配置数据、流量数据、门店数据等）				
渠道数据积累年数				
渠道数据潜力（数据存储投入、数据运维投入、数据挖掘投入等）				
渠道数据规范性（数据安全保障投入、数据资产合规成本）				
产品				
产品规模（产品覆盖度、关联度等）				
产品深度（收益率、营销程度、品牌管理程度等）				
产品潜力（研发投入、人员投入、技术引入等）				
产品数据规模（质检数据、仓储数据、物流数据等）				

关键指标	本期数	上期数	变动数	单位
产品数据积累年数				
产品数据潜力（数据存储投入、数据运维投入、数据挖掘投入等）				
产品数据规范性（数据安全保障投入、数据资产合规成本）				
……				

此外，还有一种观点指出，数据资产的"第四张报表"可以比照传统的资产负债表，构建包含资产端、负债端和损益端在内的数据资产报表。在实践中，企业可根据实际需求选择具体的披露方式，以灵活多样的方式合理展示自身的价值。

对于重要的无法计量的未入表数据资产，可考虑在管理层评论中提供相关的信息。欧洲财务报告咨询小组（EFRAG）2022 年发布了一份研究报告《公司是否披露有关无形资产的相关信息？商业模式报告和风险报告的见解》，该报告指出智力资本信息披露的一个可行的方案是在管理层评论的商业模式部分披露公司如何利用智力资本创造价值的信息，同时在风险部分披露智力资本相关的风险对公司运营会产生何种潜在影响，以最大程度提高非财务信息的整合水平。我们认为对于那些重要的但企业无法计量的数据资产，完全可以借鉴报告中建议的智力资本的披露模式进行披露。

四、强制性披露还是自愿性披露

国际会计准则理事会发布的《无形资产：通过改进披露减少财务报表信息缺口》报告中指出，关于重要的但未确认的内部产生的无

形资产信息的披露是该强制性披露还是自愿性披露这一问题，主要
存在以下两种观点。一种观点赞成自愿性披露，理由包括：一是强
制性披露可能导致过度披露；二是在现行会计准则中已存在自愿性
披露的先例；三是自愿性披露具有在编制者之间形成竞争的额外优
势，能够允许市场力量推动竞争发挥作用。相反，支持强制性披露
的理由包括：一是担忧自愿性披露会影响企业间信息披露的高度可
比性；二是企业可能仅披露对其产生积极影响的信息，但在其他情
况下选择沉默；三是有证据表明，自愿性披露未确认的内部产生的
无形资产相关信息可能无效。对未入表的数据资产而言，由于相关
研究尚处于起步阶段，对披露数据资产会给企业带来哪些收益和成
本尚不明确，在这种情况下无法实施强制性披露。在规则制定层面
可先考虑对这部分资产进行自愿性披露，待披露产生的市场影响明
确后，再进一步考虑强制性披露的方式。

第五节　前瞻性探索

前文主要围绕现行会计准则的规定讨论了现阶段企业应将哪些数
据资产入表以及数据资产如何入表等问题，显然这只是迈出了数据资
产入表的第一步，正如前文所述，完全按照我国现行会计准则确认相
关的数据资产难免存在一些局限。因此，对会计学术界和准则制定机
构而言，需要更多思考和关注现有的会计准则应如何与新经济环境相
适应的问题，在此基础上对现有准则进行相应的调整和修订。当前国
内外准则制定机构和会计学者高度重视数据资产入表问题，并积极投
入相关研究。国际会计准则理事会已于 2022 年 7 月正式启动包括加

密数字货币等数据资产在内的无形资产研究项目，我国财政部也于2022年2月发布了《企业数据资源相关会计处理暂行规定（征求意见稿）》，首次针对数据资产入表作出明确规定。此外，国内外会计学者也发表了多篇论文对数据资产入表问题展开讨论和分析。在会计准则国际趋同的大背景下，未来需要密切关注我国相关的会计准则与国际会计准则之间的差异，并持续跟踪国际上相关会计准则的最新变化趋势。总结现有的研究成果和准则的最新变化趋势，我们认为有以下问题值得关注。

一、《财务报告概念框架》中资产确认条件的修订对数据资产入表的影响

首先是"经济利益可能性"门槛的降低对数据资产确认范围的影响。在《财务报告概念框架》（IASB 2018）中，删除了与资产相关的"经济利益很可能流入"的确认标准，将其修改为确认该资产能够提供有关资产以及任何由此产生的收入、费用或权益变化的相关信息，再次重申了会计信息相关性的重要性。同时，在资产的定义中同步降低了"经济利益流入可能性"的门槛。这种修改意味着未来在财务报表中确认一项资产时将不再以经济利益是否很可能流入企业为判断标准。换言之，哪怕一项资产未来产生经济利益的可能性极低，只要确认能够向信息使用者提供决策有用的信息，就可以在财务报表中进行确认，而非完全不确认，或者以较小的金额体现在报表当中。当然，这种修改暂未体现在国际财务报告准则中各项具体资产（如无形资产、固定资产、存货等）的确认标准中。《财务报告概念框架》提到，当具体准则和《财务报告概念框架》所要求的原则有冲突时，以具体准则的规定为准，也就是说目前在涉及具体的资产项目确认时还需遵循各项具体准则中的"经济利益很可能"流入的确认标准。此外，在我国现行的《企业会计准则》中，尚未对资产的定义和确认标准进行相应的调整和修改。但我们仍然可以从《财务报告概念框架》的修订中窥见未来准则变化的趋势，这为将更多的数据资产纳入财务报表提供了可能，未来需持续关注相关进展。

其次是"可靠性"标准的弱化对数据资产确认和计量的影响。IASB 2018 全面审视了在不确定性环境下"可靠地计量"确认标准的合理性，将"不确定性"全面纳入会计核算体系。与资产确认条件有关的一个变化是，删除了确认标准中有关"可靠地计量"的表述，而是将其表述为确认该资产能够提供对资产以及任何由此产生的收入、费用或权益变化的忠实表述。同时，IASB 2018 还提到，能否忠实表述取决于"计量不确定性"水平或其他因素的影响，在阐述"计量不确定性"时，提到"如果能够清晰准确地描述和解释估计信息，即使是高水平地计量不确定性也不一定会阻止这种估计提供决策有用的信息"，这种变化弱化了会计信息"可靠性"的质量标准，充分肯定了计量不确定性具有提供有用信息的价值。这为数据资产会计计量提供了理论指导，意味着未来对数据资产的计量方式可能有更多的选择，既可以采用现行的《企业会计准则》中规定的 5 种计量属性进行计量，又可以结合数据资产本身独有的特点发展出独特的计量方法。当然，IASB 2018 的变化尚未体现到具体的准则中，涉及具体资产的计量时，仍还需遵循具体的准则规定。但不可否认的是，这种变化为数据资产的计量提供了更多的可能性，未来需持续关注这方面的变化。

二、采用公允价值对内部产生数据资产进行初始计量的探索和实践

如前文所述，采用历史成本计量数据资产虽然客观，但计量结果往往与数据资产真实价值相去甚远，且在历史成本计量下，企业大量的伴生数据资产可能无法确认。因此，有学者研究指出应当允许企业采用公允价值对内部产生的数据资产进行初始计量（秦荣生，2020；王鹏程，2022b）。对此，各国政府部门和准则制定机构也进行了相关探索。

2008 年，澳大利亚会计准则委员会起草了一份讨论文件《内部产生无形资产的初始会计处理》，该文件指出："当无形资产的市场不成熟、难以与其他资产直接比较或者无法取得第一级公允价值时，可以采用第二级或第三级公允价值计量方法来确定其价值。使用贴现现金流、超额利润的资本化以及收益倍数法等计量技术可以可靠地确定无形资产的价值，但其可靠性要取决于主体特定信息的质量和可用性。"

意大利政府在 2021 年 8 月 14 日颁布了"Decreto Agosto"或称为 104 号法令，为中小企业提供了重新评估资产的机会，包括有形资产、无形资产和股权投资，并允许企业将评估的增减值计入资产负债表。据品牌金融估算，仅商标的价值就能为意大利符合条件企业的资产负债表增值 2000 亿欧元。

2023 年 2 月，美国财务会计准则委员会（FASB）发布了一份暂行规定《加密资产的会计核算和披露》[①]，该规定确定了加密资产的主

[①] Financial Accounting Standards Board，*Tentative Decisions: Accounting for and Disclosure of Crypto Assets*，2023.

要会计确认方法和披露原则，并明确了适用无形资产准则的加密资产种类的范围和公司主体范围。该规定指出，适用无形资产准则的加密资产可采用公允价值进行会计计量，在企业的资产负债表和利润表中应将加密资产和其他无形资产分开列示，在出售加密资产所收到的现金在现金流量表中应记为经营现金流，而非传统售卖无形资产后计为的投资现金流。该规定还进一步明确了每项重大加密资产的披露细节，如价值、购买价格、成本组成、售卖价格、约束条件以及期初和期末价值的调整。

此外，Luo 和 Yu（2022）研究指出，由于国际财务报告准则和美国公认会计原则对加密资产的会计处理指导有限，这给予公司较大的自主权来决定加密资产的会计处理方式。进一步研究发现，在实务中不同国家的公司对加密数字货币的会计处理不同。具体的，遵循美国公认会计原则的公司主要采用以成本减去减值的方式将加密货币确认为无形资产；而大多数遵循国际财务报告准则的公司则是以公允价值将加密货币视为无形资产或存货；少数其他国际财务报告准则公司按成本确认无形资产。

综上所述，我们认为，对准则制定机构而言，应专门针对当前适用无形资产准则的数据资产出台更加细化的会计处理规定，在数据资产价值评估方法逐渐成熟之后，考虑允许公司采用公允价值对内部产生的数据资产进行初始计量。对公司而言，一方面应依据现行无形资产准则和存货准则的相关规定，积极推进符合条件的数据资产入表；另一方面也可结合自身数据资产的特性，创造性地探索数据资产入表的新模式，前提是不违背《企业会计准则——基本准则》或《财务报告概念框架》的理念。IASB 2018 指出，《财务报告概念框架》的其中一个目的和地位是"当特定的交易或其他事项无准则可适用或准则允许作会计政策选择时，协助报表编制者制定一致性的会计政策"。现阶段，数据资产对企业而言属于无准则可适用的新的资产，因此企业可在概念框架的理念下进行创新性探索。此外，前文所述的 IASB 2018 中对"不确定性"的描述，以及"数据二十条"中明确提出探索数据资产入表新模式，这些都为企业自主探索数据资产入表的创新模式提供了理论基础。

三、关于在无形资产后续计量中引入重估值模式的讨论

如前文所述，在现行的 IAS 38 下，对无形资产的后续计量允许企业在成本模式和重估值模式之间进行会计政策选择。成本模式下，无形资产的后续计量主要围绕初始入账价值进行摊销和减值处理，对无形资产的增值一般不作处理；重估值模式下，资产负债表日无形资产可以按照重估价值扣减相应的摊销和减值计量，重估价值本质上是公允价值，这样的计量方式可将无形资产后续的增值纳入无形资产的账面价值。但现行 IAS 38 规定重估值模式的采用有严格的限制条件，如不允许对以前未确认的无形资产进行重估值，也不允许无形资产按照成本以外的计量属性进行初始计量，且要求采用重估值模式计量的无形资产具有活跃的市场。而我国现行的无形资产准则仅允许企业采用成本模式对无形资产进行后续计量。

对适用无形资产准则的数据资产而言，仅采用成本模式进行后续计量显然难以适应数据资产价值易变性的特性。因此，我们建议，当企业能够对数据资产的公允价值可靠计量时，准则应允许企业选择重估值模式或成本模式对数据资产进行后续计量，这类似于现行的准则规定下企业对投资性房地产的后续计量同时存在成本模式和公允价值

模式的处理。此外，在数据资产价值评估方法逐渐完善后，准则还可考虑放松对重估值模式的使用限制，比如当数据资产不存在活跃市场时，仍然可以采用评估价值入账，但需要清楚准确地描述和解释相关的估计，并提供相应的补充信息披露。另外，还可考虑取消采用重估值模式对资产进行后续计量时对初始计量属性必须为成本法的限制，即允许企业针对数据资产采用公允价值进行初始计量和后续计量。

此外，与此相关的一个问题是，采用重估值模式对数据资产进行后续计量时，数据资产后续价值的增减变动应计入当期损益还是计入其他综合收益。按现行 IAS 38 规定的重估值模式下，数据资产后续的价值增值部分应计入其他综合收益，减值部分计提减值损失计入当期损益。我们认为，具体应计入什么项目需要依据企业对数据资产的经营模式，当企业持有数据资产主要用于服务生产、提供劳务或经营管理时，对数据资产后续价值的增加可暂时先计入其他综合收益，待数据资产终止确认时再转入当期损益；当企业持有数据资产主要用于销售时，后续的价值增减变动可直接计入当期损益，这种处理方式类似新准则下企业对金融资产的处理。

第七章 数据市场的形成及价格发现

如何将数据资产设计成数据产品进而实现盈利？数据市场在这个过程中起着至关重要的作用。通过数据市场，企业更容易找到数据需求方，创新商业模式并扩展收入来源。同时，企业可以获得关键的商业洞察力和市场竞争优势，从而更加有效地进行数据资产的决策和管理。党中央、国务院在《关于构建更加完善的要素市场化配置体制机制的意见》中明确提出"加快培育数据要素市场"，从而促进数据要素交易流转以充分释放其生产性作用、发挥其商业价值。由此可见，围绕"数据资源资产化""数据资产产品化""数据产品交易化""数据交易市场化"等数字经济时代的重大创业创新行动和举措已经上升到国家顶层战略高度。基于此，本章将着重介绍数据市场的构成、相关主体及交易规则，同时也介绍数据市场的价格发现机制等内容。

第一节 数据市场的形成及其现状总结

一、数据市场的产生与形成

信息对于经济社会发展的作用影响往往是巨大的，在贸易中或者战争时甚至是决定性的，因此付费获取信息并非一个新想法。传统的信息交换往往是人际之间的传递，伴随着电信技术的出现，信息开始逐渐由电磁信号来传递，并变得更加高效、安全和便捷。如今，随着计算机、电子通信和软件等技术的发展，新型传感器与自动化软件的开发运用，促使承载信息的数据正逐步自动化、即时和系统地被收集、整理和存储，由机器开始流向人类。围绕以上流程，相关的产业链条逐步发展演化，形成了数字经济时代的一个典型现象——"数字产业化"。此外，数字经济时代的另一个重要趋势即是"产业数字化"，主要表现为产业组织开始发展演化为"数字驱动组织"，该类组织以应用程序作为数据输入手段，以模型和算法运行输入数据的手段来实现生产链和业务流程的自动化运行，同时也优化和提高组织决策质量和效率。在数字经济时代，原先有限、零散和偶发的数据供应开始逐渐变得正规化、规模化、多样化和常态化，呈现出"数字产业化"的趋势，从而大大提高了数据供给数量，也大大改善了数据质量。从数据市场发展的另一方面来看，"产业数字化"又引致和催生出旺盛的数据市场需求。在此背景下，市场上开始出现撮合匹配数据"供"与"求"以促进数据交易流转的创新创业实体与业务模式，这就是数据市场的肇始与雏形。

最初，数据市场中的部分数据供应商是从互联网、公开刊物或者用户那里收集和整理相关信息，并丰富强化为数据产品或服务提供给买家。相关的数据供应商主要集中在金融商业领域，具有代表性的有 Bloomberg、Thomson Reuters 等。之后，伴随着数据市场需求逐年指数化增长和数据市场需求细分化发展，针对特定化行业数据供需匹配的专业化数据交易平台开始涌现，比如针对互联网汽车行业数据交易的平台 Caruso、能源和运输行业的 Veracity、人工智能（AI）/ 机器学习（ML）的 Mechanical Turk 和 DefinedCrowd，以及专业交易物联网（IoT）实时传感器数据的平台 IOTA、Terbine 等等。

国际数据市场伴随着供需变化、技术迭代和发展演进呈现出三个较为明显的趋势和特征：一是数据的供给方面，伴随着物联网、人工智能和 5G 等技术的全面覆盖，数据市场供给中由传感器实时生成的比例在逐年上升。根据国际数据公司 IDC 估计，到 2025 年这一比例将达到 30%（Reinsel et al., 2018）。二是数据的需求方面，随着自动化程序和机器学习模型的开发，机器将逐渐替代人类成为数据市场上的主要数据消费者。在未来的特定情况下，由传感器实时收集生成的数据自动传输至 APP 或机器学习模型，从而形成 M2M（Machine to Machine）数据交换类型。三是数据供需的场景化方面，伴随着技术进步和实际需求的催生，作为通用数据市场平台的补充，针对特定行业的细分数据市场平台开始大量涌现。

中国的数据交易与世界数据市场的诞生、发展和壮大几乎是同步的，也是起步于单个、零散、偶然和自发性的数据交易市场行为。2014 年，贵阳市发起成立了全球首个大数据交易所，在此后几年时间里，国内多地先后发起建设了 23 家本地的大数据交易所，这些交易所均是由当地政府发起、指导或批准成立的。[①]2020 年，党中央、国务院发布《关于构建更加完善的要素市场化配置体制机制的意见》，此后国内的数据交易机构建设又进入一个小高潮。

二、数据市场的现状与总结

数据交易市场起源于数字技术的进步，肇始于偶发的数据供求匹

---

① 中国信息通信研究院：《大数据白皮书》，2021 年，见 http://www.caict.ac.cn/kxyj/qwfb/bps/202112/P020211220495261830486.pdf。

配。伴随着软硬件技术的发展和正规化，通过整合数据管理系统、存储系统和安全系统，数据交易系统逐渐出现，通过整合以上系统并提供市场化数据产品和服务的创新市场主体数据交易机构诞生，并逐渐由数据市场平台发展转化为一个可供买卖双方寻找、匹配和交易以及相关进程管理的系统。随着市场上相关系统的扩大、增多和强化，数据交易市场的基本框架初见雏形。比如，数据管理系统 Snowflake、Cognite 等，专业化细分数字解决方案 Carto、Openprise、LiveRamp 等，均在自己的系统内部开发和应用了集成式的安全数据交换，以达到系统内实现买卖交易数据的目标。内嵌于数据平台的买卖交易功能受到市场需求的催化，不断调加符合客户需要的补充性功能，以便其更加高效快速地获得目标数据产品或服务。在这个过程中数据交易平台也逐渐发展蜕化成为专门的数据交易机构。当前国际数据交易机构和数据市场，尤其是在欧美国家，在其发展过程中都会面临一个不可避免的重大挑战与问题，那就是个人与公众对于隐私问题的日益关注。在过去的十多年时间里，如何管理个人数据并将其货币化一直以来都是国际数据市场发展的主要难题之一。这一难题直到近年来，因为创新技术的发展应用和相关法律的实施开始逐渐松动。例如，个人信息管理系统（Personal Information Management System，PIMS）在数据交易过程中的采纳与应用，以及欧盟的《通用数据保护条例》（GDPR）、美国的《加州消费者隐私法》（CCPA）等法律的通过与实施。

　　总的来说，国际数据市场发展趋势主要可以归结为以下几点：（1）数据市场中数据交易平台和机构多选择分布式架构来存储处理数据；（2）数据市场中分布式账本技术正成为众多数据交易机构在进行管理核算交易时偏好采纳的技术类型；（3）数据市场中的国际数据交易越来越倾向于采纳数字货币支付；（4）数据交易逐步深化向数据价值挖掘、数据金融设计和数据资产信托等方面发展，这使得数据市场上的数据交易平台机构开始向细分化、专门化和商品化方向演变。但是，当前数据市场形成发展过程中仍面临以下几种挑战与难题：（1）由于数据本身的特质，使其存在诸多与传统生产要素和资产不同的特点，因此在数据市场形成发展尚未成熟时，大量数据信息处于尚未开发状态，诸多机构为保护自身在价值链中的核心数据以谋求主要竞争优势，从而造成事实上的垄断，致使数据市场的结构性分裂，最终阻碍了数据市场健康公平可持续的发展。（2）数据市场仍然存在诸多一系列一般性挑战，比如数据主权、数据界权、数据定价和处理市场碎片化等。虽然目前已经创新性地解决了个人数据货币化的问题，但是为既定的 AI/ML 模型匹配、采买最合适的个人数据样本，对其进行定价以及最终如何与个人数据卖家确定数据分成等仍是悬而未决的问题。

　　虽然国内设立的数据交易所在逐年攀升，但是在成立之初预计会出现的"井喷式"数据交易局面并未出现。尤其是在一般性技术挑战、制度交易规则等均尚未明晰的情况下，相关的经验业绩无论从交易额、交易量，抑或交易频率来看都可以用乏善可陈来形容。[①]近年来，伴随着区块链技术、密码学技术和隐私计算技术等的发展，以及其在数据交易过程中的创新性应用，原先囿于数据要素特质而产生的不利问题逐步得到解决。但是，因为数据交易规则和制度设计仍然不成熟，致使数据交易主体信任缺失、交易议价流程不透明、数据买家维护核心数据意图垄断、数据市场分割等，阻碍了数据要素的充分流动和数据交易的市场化进程。一方面是数据市场的

---

　　① 中国信息通信研究院：《大数据白皮书》，2021 年，见 http://www.caict.ac.cn/kxyj/qwfb/bps/202112/P020211220495261830486.pdf。

表现乏善可陈，另一方面是旺盛的数据市场需求，这就需要从更高的角度来审视、思考和构建符合我国国情的数据市场交易体系和规则。当前，数据确权难题因为技术手段的发展和应用已然解决，例如，北京国际大数据交易所率先采用了区块链、联邦学习和加密计算等多种创新技术融合，提出"数据可用不可见，用途可控可计量"的解决方案和新型交易范式。此外，创新性引入和应用区块链技术可以解决数据交易过程中"数字交易合约"等相关难题。2021年底，国务院办公厅印发《要素市场化配置综合改革试点总体方案》①，其中明确提出要建立起合理高效公平的数据市场流通交易规则，并且对数据交易范式、数据交易市场提出了相关要求，从制度层面出发来解决相关法律规定体系的不足和缺失。从数据市场的监管治理方面来看，有关数据脱敏与传输的相关国家标准也在制定当中，新型的数据交易技术和交易监管沙箱等创新监管手段也处于试行和应用起步阶段。

第二节　数据交易市场的典型体系架构

当前学界和业界普遍接受了数据市场沿袭并创新传统证券金融市场的体系架构，构建以数据交易所为核心、场外市场中介机构和从业人员为补充，完善齐备而又成熟合理的数据市场交易体系。唯有专业创业群体、机构和个人的参与，才能建设发展出成熟高效的数据市场。

---

① 《国务院办公厅关于印发要素市场化配置综合改革试点总体方案的通知》，2021年12月21日，见 https://www.gov.cn/zhengce/content/2022-01/06/content_5666681.htm。

一、数据商——数字经济时代数据市场的创新创业主体

数字经济时代，凡是以数据作为交易标的、业务对象或者主要生产原料的市场经济主体，均可以被视为数字经济时代数据市场的创新创业主体，这类主体可以被归结命名为"数据商"。数据商的主要使命和职责是释放数据要素的生产性功能、商业价值和建设性作用，在数据市场中担负着数据价格发现者、数据要素赋能者、数据交易流转服务提供和促进者等角色。一个成熟完善高效的数据市场，不仅要有前期的基础设施建设，如集成登记、加工处理、标准评估和安保防御等硬件设施，还要有与之相配套的规则政策等。但是，首要的还是从事数据业务的相关职业人员和市场主体等，其中包括数据的经纪开发、交易代理、合规咨询、质量评估、交付验收和查收登记等多个业务和领域的专业从业人员。总的来说，数据商已经从传统意义上的大数据专业人员拓展到数据市场中与数据交易有关的各类服务商、专业人员和经营主体等的总和。

从数据产业生态的视角出发，沿着数据产业链路，数据市场被划分为以下6个核心环节和模块：（1）数据资源集成处理（即对原始数据进行加工、处理和生成数据资源）；（2）数据要素的资产化（即对数据资源进行相应的所有权、开发权和使用权的界定，市场化定价以及资产化评估等）；（3）数据资产的市场化实现（即针对数据资产进行产品化生产或服务化提供，具体包括数据资源市场化改造后的产品加工、服务定制）；（4）数据交易流转（即匹配、促进和撮合数据供求双方以达成交易等业务）；（5）数据市场运维（即保障数据市场正常运行，如软硬件维护、人才培训和运行保障等）；（6）数据交易监

管（即监控和规制数据交易流转的流程）。①

以上与数据生产、交易和流转的数商企业覆盖贯通了数据市场的交易全流程和方方面面。叶雅珍和朱扬勇（2023）根据传统市场商业主体类型划分标准，从市场经济的视角出发将数据市场中的数据商归并为数据供应商、数据服务商和数据贸易商三大类。在此基础上，上海市数商协会等（2023）根据职能分类将数商企业细分成15类，具体列举如表7-1所示。

表7-1　数商分类和经营内容描述

大类	子类	经营内容描述关键词
传统大数据服务商	数据基础设施提供商	有关数据收集、处理、存储、交易和安防等各项基础技术的服务供给，如云计算、区块链、传感器、量子计算、物联网和智能终端等产品或服务制造和供给商
	数据资源集成商	针对数据产品或资源进行集成整合、打包仓储，以及安全保护等
	数据加工处理服务商	对原始数据、数据初成品或半成品进行预处理、初处理和深加工，以便将数据产品进行分级分类、清洗归类、脱敏标注和归纳储存等
	数据分析技术服务商	数据分析与价值挖掘，机器学习、数据算法应用和技术问题解决等
	数据治理服务商	在数据市场开展数据商品或服务的交易、流转和使用过程中，进行相应的风险识别、管控和规制
	数据咨询服务商	数据市场行业和市场调研、信息和技术咨询、企业数据管理及其咨询服务等
	数据安全服务商	数据集成、处理、存储和交易使用等过程中的安全防护和运维安全保障等

① 上海市数商协会、上海数据交易所有限公司、复旦大学、数库（上海）科技有限公司：《全国数商产业发展报告（2022）》，见 https://www.chinadep.com/fs/ucms/group1/open/study/ 全国数商产业发展报告（2022）_20221121.pdf。

大类	子类	经营内容描述关键词
传统大数据服务商	数据人才培训服务商	数据收集、处理、分析和管理等技术活动的教育培训等，比如相应的 IT 编程、算法开发以及数据库管理等
数据交易相关服务商	数据产品供应商	负责市场中不同行业以及不同部门的公共数据收集、整理、处理和供给的数据产品或服务的供应商家或企业
	数据合规评估服务商	数据质量审查、数据合规审查（比如是否涉及个人隐私、公共敏感和主权安全等方面的数据内容）、数据的知识产权和商业秘密审查等
	数据质量评估商	数据质量标准制定、审查、评价，以及在此基础上的质量修复
	数据资产评估服务商	数据资产评估、审计和财务咨询
	数据交易经纪服务商	数据交易中介、经纪和撮合等业务
	数据交付服务商	数据交付审查和使用管控，包括涉及个人的隐私计算、联邦学习和多方安全计算等
	数据交易仲裁服务商	数据交易过程中的争端判别、解决与仲裁

资料来源：《全国数商产业发展报告（2022）》。

在数据市场中，数据商是其有机构成的基本主体，不同数据商之间的沟通交流、互动协作和交易流转等活动构成了一个社会技术网络。数据商们在该网络中进行合规合法的数据收集处理、加工存储和交易流转等市场活动，从而促进决策效率、推进自动化运行和创造创新知识。以上存在于数据市场中由不同数据商构建的社会技术网络被称为数据商生态系统。

二、数据交易所——创新创业市场主体参与数据交易的架构基础

数据市场在某种程度上类似于股票证券市场，场内交易有着不可

替代的集约高效和合理规范等优势，因此，借鉴证券交易所在金融市场中所起到的积极作用和不可替代的市场位置，构建数据市场的核心架构基础——数据交易所，则有着理论可行性和现实必要性。

（一）数据市场中成立数据交易所的原因

首先，在数据交易所中数据交易双方能够获得有效公平的合法权益保护。这主要是因为其作为第三方交易平台，可以有效发挥促进信任、保护权益、管控风险和监督交易等作用。

其次，数据交易所作为创业实体可以系统、集约、高效和及时地采纳创新技术应用，从而有效减少信息搜集成本、交易流通成本和监督实施成本等。如区块链技术促使数据交易全流程可追溯，使得一旦产生争议即可提供交易证据以供采信。

再次，数据交易所是数据市场中交易集约化的一个场所，是监管机构最易触达的地方，针对数据交易所中数据交易的集约高效监管能够有效防止数据交易中的违法行为，大大降低数据犯罪案件的发生率。

最后，数据市场中数据交易所是买卖双方集中交易的市场化场所，在很大程度上担负着数据要素的价格发现功能。数据交易所中的市场发现价格一方面是数据资产的交易公允价格，另一方面也可成为监管当局的采信价格。在数据日益资产化的背景下，在数据资产价值和数据交易价格日益密切的情况下，数据交易所的交易价格既是被广泛接受的均衡价格，也是在最大限度上探索出的数据的公允价值和合理的交易价格。

（二）数据交易所在数据市场中应当担负的主要功能

虽然数据交易所借鉴了证券交易所的成功经验，以期数据像证券一样在市场中自由交易流转，但是数据作为创新生产要素，存在着不同的特质，具体而言：

第一，不同于证券交易所的交易对象是标准化的证券产品，数据交易所的交易标的是衍生性、多样性和异质性的数据产品。

第二，不同于证券交易所竞价交易的价格发现手段，数据交易所交易标的即数据产品的价值和价格与其使用场景密切相关，难以进行标准价值评估和集中交易定价。

第三，虽然数据交易所与证券交易所一样均具有制定规则、价格发现、资质审核、流程监管和维护市场秩序等基础性功能，但是数据交易所还需要承担更多诸如数据登记、交易追溯、流程监管和交易审计等监督管理职责。

因此，一个成熟完善有效的数据交易所需要被开发、赋予和承担以下几种主要的功能：

第一，核实身份。数据交易所承担着数据市场上买卖交易双方身份核认的责任，在交易开始前，就必须通过各项创新技术和各种合法手段来对交易对象的资质、风险和非法行为予以评估和监督，以确保在数据交易所平台上进行交易的买卖双方都是合法合规合宜的数据交易者。

第二，审核标的。在交易过程中数据交易所负有数据交易标的的合法性、合规性和有效性等方面的审核考察义务，以达到保证数据产品或服务具有合法来源、质量达标、不侵犯个人隐私及危害国家主权和公共安全等方面的要求，一般标的审核方式包括随机审查或逐笔审查。

第三，价格发现。数据交易所也承担着数据交易买卖双方匹配、中介和撮合的功能，并帮助实现数据产品的价格发现以促进交易，在此过程中数据交易所可能会收取一定的中介费用。

第四，交易存证。数据市场的稳健可持续发展要求数据交易所尽可能做到数据交易的全流程记录，因为只有达到此要求才可以进行交易存证，并进行相应的权属转移、流程监管和全程可追溯。

第五，解决争议。市场交易难免会出现争议或争端，在这种背景下就需要进行仲裁或者起诉，但是，数据交易的特质就决定了难以固定和提取相关交易证据。在这种背景下，数据交易所创新性采纳具备全流程可追溯特点的区块链技术，帮助有效降低数据交易过程中发生争议的可能性。

第六，帮助仲裁。数据交易所采纳了全流程数据交易记录，并对流程可追溯，这为产生交易争端后的仲裁举证环节提供了技术支撑，因为这些交易备案如果能被采信，将成为监管和争议解决时仲裁所需的留存原始证据。

三、数据经纪人——数据交易中的新中介

数据市场的交易模式，不仅需要建立专门的数据交易场所，还需要鼓励个人与企业积极参与到数据交易中去，特别是场外交易。为了实现这一目标，积极试行和推广数据经纪人试点和监管政策，已成为数据市场场外交易的一个重点补充和抓手。

（一）数据经纪人的特点与功能

数据经纪人是以数据为标的，通过匹配、沟通和撮合数据买卖双方达成交易，并以此赚取佣金的中介机构或个人。根据美国数据经纪人多年的发展经验，数据经纪人包含以下三个基本特点：（1）经纪标的均为（消费者）个人数据；（2）有成形的数据产品或正式的数据服

务；（3）存在数据的输入或输出活动。①② 数据经纪人职业起源于20世纪七八十年代，伴随着当时经济的蓬勃发展，有关个人的营销和金融数据被大量系统和有目的地收集整理分析，用以帮助企业进行产品开发设计和投资决策规划。在数据经纪业务监管之初，美国的政府部门重点监管的经纪标的明确为个人数据。在像美国这样尤为重视个人隐私和公共安全的政策环境中，数据经纪业务的兴起从侧面反映出政府的首肯、市场的供求和企业的需要。

中国的数据市场虽然起步较晚，但是伴随着数字经济和平台经济的飞速发展，中国数据市场已然成为全球增速最快的数据市场之一。此外，中国的数据市场交易标的从传统全球数据市场中的个人数据逐渐扩展到包括个人数据在内的企业业务数据、政府公共数据等在内的数据全体。鉴于当前数据市场中相关权属暂未明晰确定，因此数据经纪人职业角色不同于传统的经纪人。传统经纪人的经纪标的往往是所有权，而数据经纪人经纪的往往是包含持有权、经营权和使用权等在内的权利束的部分或所有。经过实践总结，作为数据市场创新创业主体之一的数据经纪人必备以下几个方面的基本职能。

第一，数据要素的收集、整理、加工和运营。数据是数据经纪人

---

① 该定义根据美国联邦贸易委员会（Federal Trade Commission，FTC）在2014年发布的研究报告 *Data Brokers: A Call for Transparency and Accountability* 以及美国佛特蒙州在2018年发布的有关法律 *An Act Relating to Data Brokers and Consumer Protection* 翻译整理得到。

② 所谓个人经纪信息，根据美国佛特蒙州在2018年发布的《数据经纪法》，是指一个或多个下列计算机化的消费者数据：（1）姓名；（2）住址；（3）出生日期；（4）出生地；（5）母亲的娘家姓；（6）独特的生物识别数据；（7）消费者直系亲属或家庭成员的姓名或地址；（8）社会安全号码或其他政府颁发的身份证号码；（9）其他类型信息。需要注意的是，要形成法案所保护的消费者信息类型，还必须具备三个条件：（1）数据必须经过计算机化（Computerize）；（2）数据必须被分类或者整理加工过（Categorize or Organize）；（3）数据必须向外提供给第三方（to Third Parties）。

的经纪标的和职业根本，数据的收集和运营则是其核心竞争力和关键所在，收集、分类、整理、分析和运营数据，挖掘数据所蕴含的现实生产性价值和潜在商业性价值是数据经纪人的基本业务。

第二，数据市场中供给方与需求方的匹配。数据经纪人的业务本质是进行数据市场上的供需匹配、进行数据交易买卖双方的中介撮合。因此，如何探寻和盘活数据资源、如何挖掘和匹配市场供求、如何促进和达成买卖交易是其重要的基本职能。

第三，数据市场生态协同。在数据市场上，数据经纪人既要面对数据供给方，又要面对数据需求方，还要面向数据市场上的相关关联方，比如数据合规审计方、数据权属登记方、数据价值评估方、数据交易监管方等，这就要求数据经纪人具备协同数据交易生态共同完成工作的素质和能力。

在数据市场上，数据经纪人作为一个重要的市场主体，其在降低数据交易费用、规避数据交易风险和促进市场交易效率等方面均起到重要的作用。当前，数据经纪人试点实践过程中发现和总结了一些突出问题亟待解决，比如，经纪标的涉及个人隐私、商业秘密和公共安全等；经纪过程中的"委托—代理"问题；数据质量问题和倒卖泄露安全问题等。

（二）针对数据经纪人及其业务的监管目标与准则

通过理论分析和实践总结，我们将对数据经纪人的监管目标总结概括为"保护隐私、增强信任，鼓励流通、控制风险"。保护隐私、增强信任是对数据经纪人及其业务监管的首要基础，鼓励流通、控制风险是对数据经纪人监管的基本立场。此外，针对数据经纪人及其业务的监管应遵循"透明可溯、分类分级、权责明确"的基本原则。"透明可溯"是对数据经纪人及其业务监管的首要原则，这是因为数据要素既有作为非标准化商品和创新型生产要素的一面，又有与普通商品和传统生产要素相同监管特征与规律的一面。识别重要、敏感、隐私和保密数据也是主管和监管部门进行数据安全管理的前提，是合理分配监管力度的重要基础，因此实施"分级分类"监管既高效安全又公平合理。"权责明确"是保护市场各利益主体合法权利、保障数据经纪人健康发展的有效支撑。

（三）针对数据经纪人及其业务的监管重点与实施方案

在实践中，将以数据经纪人为中介的整个数据流转过程细分为事前、事中以及事后三个阶段，并对各个阶段的监管重点进行总结分析列举，如表 7-2 所示。

表 7-2　数据经纪人数据流通各阶段监管重点

阶段	监管重点	监管内容
事前	交易主体 交易中介 交易标的	数据供方资质（是否符合其经营范围及所属行业类别，是否已经知情同意并进行授权） 数据经纪人资质及牌照（是否具备数据经纪业务牌照，是否能够经纪某类数据） 数据合规性质（是否允许交易，是否含有隐私、商业秘密和国家机密，是否经过脱敏处理，脱敏是否通过第三方审计，供方是否具有其所提供数据的权属）
事中	交易主体 交易合同 交易流程	数据需方身份（此前是否存在失信交易行为） 条款合规性质（合同是否标准，是否详尽规定了各主体的责任、权利以及义务，是否详细说明了交易标的的有关性质） 交易全程可溯（供方、需方、经手经纪人、数据介绍、成交价格及时间、权属转移关系）
事后	交易主体 交易中介 交易标的	交易后行为（供方是否提供虚假数据，需方是否未经授权倒卖、转卖数据） 经纪人行为（数据经纪人是否未经许可私自复制、截取、攫取数据） 数据交易争议解决

在事前阶段，数据市场监管方应当针对数据经纪业务过程中的交易主体、交易中介以及交易标的进行监管，重点审查交易主体中数据供方的资质和数据合规情况；对于交易标的应当审核数据是否允许交易，是否含有隐私、商业秘密和国家机密等，是否经过必要的脱敏以及是否通过了第三方审计。

在事中阶段，对于交易主体应当重点审查以往的交易行为，并根据其失信程度给出相应的风险提示及监管措施；对于交易合同，监管方应当出台数据交易标准、经纪标准、权属授予标准和权属转移标准等；针对交易流程应当做到监管数据交易流程全程可溯、关键信息可留存。

在事后阶段，仍需对交易主体、交易中介和交易标的进行后续追踪监管，尤其是要防范数据经纪人是否未经授权许可私自复制、截取、攫取数据。

四、数据空间——创业数据交易的新型共享机制

数据作为一种创新生产要素，与传统市场要素相比有着众多不同的特质，一方面，数据与个人隐私紧密相关；另一方面，数据涉及国家主权和公共安全等方面，尤其是在国际化和地缘冲突加剧的情况下。正因为如此，为迎合现实发展需要和解决实际待解难题，围绕"数据主权"而发起的相应治理模式——数据空间（Data Spaces）倡议受到了业界和学界越来越多的重视。

（一）数据空间倡议的提出及其所应满足的战略要求

数据空间指的是利用当前现有标准和技术构建一个虚拟数据空

间，以构建一个与数据经济中那些被广泛接受的其他治理模式一样的，受各方市场主体信任的商业生态系统。在这个系统中，相关主体可以进行安全的、可靠的、市场主体地位平等的标准化数据链接、数据交换和数据交易流转。数据空间起初作为一个倡议，提供了一个参考体系结构模型，在模型中满足了业务生态系统中安全可信的数据交换需求。数据空间主要承担如下三类活动。

第一，研究活动。首要活动就是开展大型内部研究项目，旨在设计和持续开发数据空间参考体系结构模型（IDS-RAM）的核心原则，并吸引越来越多的相关市场主体参与并推动完善。

第二，制度标准。在数据空间的参考体系结构模型建立起来后，应开展相关的推广活动帮助参考体系架构模型标准的推行。在一系列标准确立和推广的基础上寻求在不同国家和地区建立区域中心，从而促进数据空间的概念、标准和技术在数据交易市场的推广和应用。

第三，构建生态。由于数据空间中的每个产品或服务都必须符合其标准，因此产品或服务要进行一个被认证的过程，也即是说数据市场需要来自于数据空间评估和认证机构提供的产品或服务，这些产品和解决方案逐渐形成了具有可操作性的数据空间生态系统。

数据空间作为一个典型的创业数据交易的去中心化交易平台，目前正处于起步阶段，数据空间的建立应当满足以下几个战略要求。

第一，信任。数据空间构建出数据交换、认证和传输等标准，这为加入数据空间的市场参与者提供了信任的基础。后续市场参与者在被授予对可信赖业务生态系统的访问权之前，必须经过程序化的系统评估和认证。

第二，安全和数据主权。数据空间的所有组成部分均需依赖不断开发的先进安全措施来保证，除了架构规范外，在数据主权方面，数据空间主要通过在数据传输前将限制信息附加到数据上，以限制数据使用者行为，促使其遵守使用政策。

第三，数据生态系统。数据空间的参考体系架构模型追求的是"去中心化"理念，因此其架构设计也就不再需要中央数据存储能力。这也意味着物理上数据仍旧保存在各自的数据所有者那里，直到其被交易或传输到另一个被信任方。此外，还需要对每个数据的源头、价值和可用性等做全面的描述，并与整合特定领域数据词汇表的能力相结合。

第四，标准化的互操作性。数据空间连接器作为数据空间这一体系架构中的中心组件，具有多重变体形式，但是在功能上必须能保证其可以与数据空间生态系统中的其他通信技术组建并实现实时通信。

第五，增值应用。数据空间允许将应用注入其连接器中，以便在数据交换过程中提供一些增值性服务。

数据空间倡议的核心成果就是构建一个参考体系结构模型，这个模型构成了数据空间中各种软件实现的基础，也构成了各种商业软件和服务产品的基础。

（二）数据空间的潜在优势及其可能的贡献

数据作为一种创新生产要素经常出现在商业生态系统中，越来越多的实践和研究表明，其作为整体进入生态系统会比单独或者部分进入能更好地满足顾客需求。因为这样可以更快地构建价值创造网络，从而便于共同开发创新产品和服务。生态系统的一个重要事实特征就是没有任何一个成员能够独自完成创造创新。商业生态系统作为一个整体，需要每个成员为了所有人的利益作出贡献从而促进合作。数字经济时代，在一个由数据驱动的商业生态系统中，数据将成为生态系统成员用来共同创造创新价值产品的战略资源，而实现这个过程中的一个至为重要的关键前提就是成员能够在生态系统中共享和共同维护数据。但是这又引起一个不容忽视的重要问题——数据作为一种战略资源、一种经济商品，在市场上有着日益迫切的数据交换和数据共享需求，这就需要企业开发出数据主权这项关键能力（数据主权是指在保护个人数据的需要和与他人共享个人数据的需要之间找到一个平衡）。在数据主权基础上实现上述目标，数据空间可能是目前最为合适可用的技术选择。

数据空间的核心目的就是创造性地运用创新技术，如区块链技术等，实现组织间受控的不同形式的数据交换和共享，其中主要包括某些形式的结构化数据（如测量数据、产品数据或物流数据），或者其他类型的流数据；并利用其连接器（DS Connector）允许数据所有者和数据提供者与数据空间生态系统中的其他参与者交换和共享数据，同时随时确保数据主权。数据空间通过提供一个以供安全数据交换和可信数据共享的架构，为商业和工业数字化场景中的企业架构设计作出贡献。首先，其主要通过弥合研究者、工业利益相关者、政策利益相关者和标准机构之间的差距来实现这一点；其次，其通过进行有意的体系架构设计、针对性的功能模块安排，规避和克服"自顶向下"方法和"自底向上"方法之间的差异。数据空间将用于通信和基本数据服务的低层次架构与用于智能数据服务的更抽象架构连接起来，从而支持了从数据源到数据使用的安全数据供应链的建立，并且同时保障数据所有者的数据主权。

当前，我国已依托数据空间的相应思路与倡议，并结合自身数字经济发展实况创立"可信数据空间"。我国可信数据空间的创立及其所具有的优良特征为数据市场，乃至数据市场生态圈中各个参与主体探索和加强可行数据空间在数据要素流通领域的应用开创了局面、奠定了基础。

第三节　数据市场的交易惯例准则与制度体系

近年来，伴随着创新技术的引入和社会实践，数据市场交易体系逐渐成型。虽然数据市场硬件设施水平渐已完备，但是相关的交易流转规则和制度尚未形成，系统性体系和框架更是付之阙如。结合相关先行试点实践，依据相关法律法规精神[①]，遵循数据要素的特征，我们尝试提出适用于中国数据市场发展需要和规律的准则和制度。

一、数据市场中的交易惯例和规则

（一）许可使用与衍生数据归属分成原则

1. 许可使用原则。数据市场交易标的不同于传统实务生产要素，在一定程度上甚至更趋近于知识产权之类等无形资产。因此，在市场交易时实物交割和转移并非最重要的，更加重要的是数据使用权的交割和转移。所以，数据市场交易的首要权利便是授权许可权利，即在数据售卖、授权或转让过程中应当规定数据拥有方（一般称之为"甲方"）授权许可数据使用方（一般称之为"乙方"）享有不可转让的、非排他性的、无分授权的、有限地使用数据的权利。除此之外，在合

---

① 具有代表性的是《中华人民共和国合同法》、《中华人民共和国网络安全法》、《中华人民共和国数据安全法》、《中华人民共和国个人信息保护法》和《数据出境安全评估办法》等。

数据资产化

同中一般还需要订立数据使用用途、使用场景、使用期限、违规判定
和违约责任金额等。甲方在向乙方提供数据授权服务期间，也需要承
担相应的责任与义务以保证乙方的合法权利。比如，甲方需要保证数
据的质量合规性和使用合法性，如若违反甲方需要承担相应的违约责
任。乙方在数据使用过程中也需要遵守法律和合同约定规则，比如，
禁止转售、转卖或者转让数据给任何第三方，只可将数据使用于规定
用途和场景，如若违反需承担相应侵害权益和违约损失责任等。

2.衍生数据归属分成原则。数据不同于传统生产要素的一个重要
方面就是，在其使用过程中会衍生出一系列派生数据集。这些衍生数
据的价值评估和利润分成，便成了数据市场交易时买卖双方不可回避
的问题，此时甲乙双方应当事先约定衍生数据的归属和分成原则。当
前被学界广泛接受、在业界实践通行的做法就是：将衍生新数据与合
同约定的原数据进行相似度比对，若相似度高于 ×%，则该数据归
属权属于甲方；若相似度小于 ×%，数据所有权归乙方所有。新旧数
据集的相似度应依据数据集属性的类型采取相应的计算方式[①]，常用
的计算方式如表 7-3 所示。

表 7-3　数据相似度计算度量方法

数据属性类型	备注	相似度计算方法
标称属性（包含对称二元属性）	如性别、年级、民族	$sim(O_1,O_2)=\dfrac{m}{n}$ n 为总属性数，m 为一致的属性数
非对称二元属性	1 为一致，0 为不一致	Jaccard 系数：$sim(O_1,O_2)=\dfrac{O_1\cap O_2}{O_1\cup O_2}$

① 参见《数据相似性的度量方法总结》中相似性度量的相关内容，https://blog.csdn.net/guoziqing506/article/details/51779536。

数据属性类型	备注	相似度计算方法
数值属性	离散或连续的数值属性，如 GPA、长度、宽度	欧式距离、闵可夫斯基距离
序数属性	如李斯特量表，上、中、下	均匀映射到 [0，1] 上后同标称属性
混合属性	以上类型的结合	按权重结合以上计算结果

（二）协议交易金额与支付

数据在交易流转过程中，甲乙双方应该就交易的数据资产的转移或使用约定相应支付费用，费用的计价单位在合同中也应该明确规定。此外，在合同中还需要规定具体的数据类型、数据名称、数据交易量和交易金额。总的来说，该部分的内容与一般交易标的物订立的合同并无大的差别，交易规则的内容包括并不限于结算方式、首付款比例、验收款项、开具相应的增值税专用发票等。

（三）数据产品交付与验收

在数据交易流转过程中，合同中的甲乙双方还需要对数据的质量标准、交付的质量要求和具体的交付流程进行具体的规定和要求。当前通行或公认的数据质量控制标准是：查重率／错误率 <5%。此外，倘若数据质量不达标，还需要就相关的赔偿细则和制度进行规定。数据市场交易的合同约定还需要针对数据伪造等不当行为进行规定和处理，比如，若甲方交付的数据集涉及伪造，应依据伪造情况按档次向乙方支付赔偿违约金。数据作为交易标的，还需在合同中对其交易的交割方式进行规定和明确，诸如双方约定的交付方式、指定接收人、

收件地址和验收方式等。①

（四）数据产品使用过程中的保护、保密义务

在数据使用过程中，甲乙双方还需要约定履行相关的保密协定和义务。一方面，乙方在数据使用过程中不得以任何方式篡改、抹除或加密整体或部分数据，也不得对数据本身或存储数据的介质造成任何损失与破坏。另一方面，在合同履行期间甲乙双方及其相关方也需要针对乙方提出的所有数据问题承担相应的严格保密义务。除非事先获得甲方书面许可，否则不得复制或泄露，如若违反则需要承担相应责任及其相应的损失赔偿。

（五）违约责任认定与特殊情况下协议解除

1.违约责任需要甲乙双方在订立合同时事先约定②，具体事项和主要内容可参考如下：

（1）在合同约定的时间期限内，甲方负有按照约定细则提供数据产品或服务的义务，逾期未履行的应当向乙方按照未交付数据使用费金额的每日 ×‰的比例向其支付违约金（赔付比例由甲乙双方签订合同前商定，当前市场通常采纳的参考标准为 3‰），如果乙方在甲方未能够按照合同约定履行交付乙方的情况下仍坚持其继续履行的，则甲方应尽最大努力在乙方指定的时间内完成数据交付。如

---

① 数据要素作为创新生产要素，在达成交易之后进行对接交割的方式与传统生产要素存在显著差异。常用的数据要素的交付方式包括：云端介质（网盘、ftp 等），移动介质（移动硬盘、U 盘等）。

② 违约条款中的百分比数字、比例数字和日期数字等，均是参照传统生产要素的通行惯例，并结合最新数据要素市场价格走势，综合权衡提出来的参考数据，在实务中因为实际情况的不同也会订立其他数值。

若甲方逾期未履行超过一定期限（一般情况下为 30 天），则乙方有权解除本协议合同并要求甲方退还相关费用，由此造成的损失也有权向甲方要求赔偿。同理，乙方未按照约定付款的，也一体遵循此订例。

（2）在合同履行期间双方均需担负合同中约定的保密义务，如若一方违反则需向另一方一次性赔偿协议总金额的 N 倍违约金（具体倍数由双方议定且在合同中注明，参考数额为 5 倍）。

（3）合同约定甲乙双方在合同存续期间或本协议执行过程中，双方均需遵守合同约定，如若违反均被视为违约。除了违约方需向守约方赔偿外，还需承担守约方为取得相关赔偿而支付的其他相关费用。[①]

（4）若乙方存在违反本协议使用约定、违反协议有偿或无偿转让任意第三方、违反相关法律法规使用数据等行为，由此引发的索赔、诉讼或其他损失，均须由乙方承担，在进行倍数赔偿的同时还需要进行相关费用的承担。

（5）鉴于数据要素关乎国家安全和主权，因此在合同中需要事先约定数据使用主体的注册地信息。[②] 如若乙方存在数据跨境或者数据出境使用需求等行为，则必须首先获得甲方的书面授权同意，再由乙方自行按照国内外的法律法规履行相关数据出境申报及审批手续，并由乙方承担相应的风险与责任。

[①]　一般情况下，相应的费用主要包括但不限于仲裁费、诉讼费、保全费、公证费、律师费、差旅费等。

[②]　以数据购买方（乙方）的注册地址为中华人民共和国境内（不包括港澳台地区）为例，合同中默认乙方购买数据的应用场景是中国境内。

2.特殊情况的协议解除原则

甲乙双方在合同中也需要约定，当出现什么样的情形时原有协议将会因为不可抗力因素而可以单方面终结，比如发生不可抗力且不可抗力持续30日以上（时期长短可以双方共同商定，一般通常的日期在30日左右）；其他法律法规规定的或协议约定的解除情况。当合同中约定一方因为违约被合同相关约定方要求解约时，要求解约方需要在若干日之前以书面或者邮件等方式知会违约方。如果协商终止不成功，双方可以申请仲裁。

（六）无法履约背景下的责任判定与仲裁

甲方对数据具有按时按规定标准交付的义务，如若违背约定而逾期未履行交付义务的，则需要按照规定履行违约金缴纳责任。合同中的乙方也负有按照合同约定就合同标的在一定的期限内进行相应的价款支付义务，如若逾期未支付则需要承担相应的违约责任。与此同时，甲方对此也保有追索相应违约金的权利。由于数据协议中均会约定保密义务，因此每次违背保密协议的一方都要赔付违约赔偿金。在赔偿过程中，违约金除了约定的计算法则获取的费用外，还包括其他相关费用。如果乙方使用数据产品或数据服务期间致使相关联的第三方知识产权遭受危害，由此引发的甲方及其关联公司所遭受的被诉讼、索赔及其他程序等，乙方应当承担相关的一切责任和费用。

（七）不可抗力条件下的合同解除

在数据交易合同中会包含"不可抗力"条件下的合同解除等相关条款，其中"不可抗力"的定义与一般合同中的相关界定并无太大出入，并且不可抗力事件类型也大致相同。① 在协议有效期内，如若甲方由于不可抗力无法提供服务，甲方在事先向乙方说明情况后不承担相应责任。当发生不可抗力时，双方可进行协商，并依据不可抗力发生情况协商确定是否解除本协议或延迟委托业务的各项业务的完成期限。

（八）其他规定

一般数字交易合同包括的其他性规定包括如下几种：协议生效条件及有效期；协议的份数及其相关的效力；争端的解决方式及其解决程序；反不正当交易与贿赂；遵守商业道德与伦理等规定条款。其中绝大部分条款与一般商品交易条款类似。

二、数据交易流通制度体系的建立

数据市场中，除了缺乏成熟的硬件技术支撑外，软件方面也面临诸如数据流通缺乏相应标准、数据价值开发与隐私保护难以平衡、数据交易流转与主权保护等一系列问题。这些问题不仅导致了数据供给的激励不足，也使得数据需求难以满足。这些都是制约数据交易大规模发展、高频交易大规模进行的突出原因。

为促进数据市场快速健康发展、数据交易流转有序高效进行，首先需要明确数据市场中产品标准和类别，确保满足《中华人民共和国

---

① 数据交易协议合同中的"不可抗力"指的是不受双方可控、预见或预见亦无法避免的事件，此类事件的发生使得合同中至少一方在履行合同全部或者部分义务时会遭受妨碍、影响或延误。合同中包含的"不可抗力"事件往往包括但不限于政府行为、自然灾害、战争或任何其他类似事件。

宪法》等基本性法律法规规定和其他相关法律法规。在一些特殊情况下，还有必要对其进行相应的流通风险与安全评估，以确保其是否可以或是在多大程度、多大范围内可以流通。根据种类和级别对数据采取对应安全保护策略，既有利于促成数据安全保护制度的落地，也有利于降低监管的执行成本、提高监管的总体效率。目前，我国正在形成"中央—地方""行业—企业"的两大数据分类分级管理规定与实践体系。一般以数据持有者性质、数据性质、用量用途、流通风险作为数据分类分级的判断标准，相关体系建设已经初具成效。此外，为实现数据交易流转与隐私、主权保护间的平衡，数据脱敏技术和制度也日益完善起来，并逐渐发展成为数据交易流通制度建设中的主要内容之一。

数据市场的合规健康发展，要着力于"交易前"的数据分级分类制度、"交易中"的数据交易市场体系建设与监管[①]、"交易后"的数据交易审查和规制等相关制度建设。虽然数据分类分级管理、对应安全保护策略、数据脱敏技术制度等均是为了预防和处理敏感数据泄露、隐私问题发生和非法数据交易等多种危害数据市场发展的行为。但是，鉴于数据自身特殊性质及其在使用过程中的衍生特性，我们很难杜绝数据集合中可能包含的个人信息、商业秘密乃至国家秘密等。当这些信息达到一定量级或在某些应用场景下，便可能危害个人合法权益、社会公共利益乃至国家安全。而这种情形又无法或难以通过脱敏处理来解决。因此，有必要参考"财务审计"的概念与模式来建立"数据审计"制度和"算法审计"制度。

[①] 有关"交易中"的数据交易市场体系建设与监管在前文已有详细深入探讨和分析，在此不再赘述。

三、数据供给制度——数据交易流转过程中的数据分类分级与脱敏

由于日常经济社会活动产生的零散数据并无太大实际用途和商业价值，因此数据市场上交易的多是算法处理后的数据加工制品，其中大部分数据制品来源于关键信息基础设施运营者产生的数据、大型数据化企业经营过程中收集的数据、普遍广泛的公共服务机构行政治理过程中普查采集的数据等。这些数据制品或者服务中往往包含着达到一定量级的、足够产生巨大影响的个人隐私信息、商业秘密信息乃至公共安全和国家主权信息，这些信息一旦外泄、公开或者应用于不正当目的、不合适场景，就有可能危害到个人合法权益、社会公共利益乃至国家主权安全。前文中虽然提到可以通过合同约定来进行规制，但是在实践中往往作用有限、实现难度高，很难实现"治标且治本"的效果。因此，近年来数据市场上开始创新引入数据脱敏技术。

数据脱敏指的是将数据中包含的敏感信息根据相关脱敏规则进行相应的技术变形处理，以使其在使用或者流通过程中不再变得敏感或涉密。在实际应用过程中，当前业界通常使用数据脱敏以实现敏感或者隐私数据的可靠保护，技术上一般会采取的手段包括泛化、抑制、扰乱和有损等。① 当前在国内数据市场上，将数据脱敏应用于数据的

---

① 数据脱敏目前主要有静态脱敏、动态脱敏两种类型：静态脱敏指的是运用加密算法，对于不同类型的数据进行干扰数据掩码，进行过静态脱敏后的数据能够被应用于开发、培训、测试、分析等场景；动态脱敏指的是查询、调用和解析数据库语句匹配脱敏条件，对相关敏感数据进行实时脱敏，从而使得敏感数据可以直接被应用于生产、服务环境。

生产或服务环境已经是必要的实际需要和技术要求。[①]

（一）个人数据流通与数据脱敏

个人数据能够通过数据脱敏等技术手段实现脱敏化、匿名化以及去标识化等目的。[②] 在脱敏过程中，"去标识化"是将个人标识数据与其内容数据相分离，从而在一般情况下如不借助外力技术手段或者额外信息提示难以识别个人数据，也就是从技术手段上杜绝了"间接识别"的情况。虽然"去标识化"增加了个人信息的识别难度，但是为了安全起见，当前在我国即使是"去标识化"的个人信息仍旧被归属为个人信息。在数据脱敏的过程中，相较于"去标识化"，"数据匿名化"则是一种更加彻底的脱敏技术手段，这是因为进行数据匿名化处理后个人数据中的敏感或隐私信息将会无法再识别且无法复原。

从国内外法律法规、相关标准与实践上看，数据匿名化具有必要性。在中国，具有代表性的就是《中华人民共和国个人信息保护法》，其中明确个人数据收集处理均需当事人同意方可进行。此外，还需利用合法手段将为实现合理目的而收集的个人信息范围限制在最小范围内。[③] 据此，数据匿名化成为解决信息安全和信息流动尖锐矛盾的

[①] 在数据市场的产品或服务的实际应用中，《信息安全技术 数据安全能力成熟度模型》（GB/T 37988—2019）已将数据脱敏作为数据安全处理的主要技术措施之一；《信息安全技术 政务信息共享 数据安全技术要求》（GB/T 39477—2020）同样将数据脱敏作为共享数据交换阶段的数据安全技术要求。

[②] 根据《中华人民共和国个人信息保护法》，"去标识化是指个人信息经过处理，使其在不借助额外信息的情况下无法识别特定自然人的过程；匿名化是指个人信息经过处理无法识别特定自然人且不能复原的过程"。

[③] 针对无法获取用户授权的个人信息处理问题，《中华人民共和国个人信息保护法》在规则层面提供了一定的路径，强调处理匿名化信息无须获取个人信息主体的同意，详见 http://www.gov.cn/xinwen/2021-08/20/content_5632486.htm。

关键环节。美国的《健康保险携带和问责法》（HIPAA）就"去身份化"予以了明确界定：通过技术手段对可以识别到特定个人的相关信息或标签进行处理，从而达到无法识别并指向特定个人或者无合理基础能够判别相关数据可以被用来识别特定个人，并据此明确提出了数据匿名化的专家技术标准和"安全港"标准。欧盟《关于匿名化技术的意见》穷尽合理可能标准，指出匿名化的实现需要考虑合理且可能穷举的所有手段来确定可识别性，例如数据控制者是否能单独识别个体，识别所付出的时间和成本，同时还需要考虑到技术水平和场景要素等方面的影响。此外，新加坡《个人数据保护法指定主题咨询指南（2013）》、日本《个人信息保护法修正案（2015）》等均对个人数据中的匿名化处理作出了相应的指导和规定。由此可见，在数据市场中个人信息甄别与保护已经成为大势，更加严格细致的个人信息收集、更加完善规范的用户授权和更加强力全域的监管规制已经成为各个国家和地区的立法共识。因此，在数据流通过程中遵从保护个人隐私的目的、使用数据脱敏的手段、健全数据交易流转之前的相关脱敏技术使用制度，是建立和完善数据要素市场的重大必要举措。

我国对数据匿名化行业标准的制定已经进行了初步探索。比如，国家广播电视总局依据《信息安全技术　个人信息去标识化指南》（GB/T 37964—2019）制定发布了《广播电视和网络视听收视综合评价数据脱敏规则》（GY/T 351—2021），以便用于广播电视、网络视听等收视综合评价数据的脱敏。文件中规定了数据脱敏原则：有效性、可用性、高效性、稳定性、防御性、可审计性；数据脱敏技术：泛化、抑制、扰乱；数据脱敏流程：识别、标记、脱敏、评估。在实践中，一般具体的数据脱敏要求主要包括：对用户ID、用户账号、终端设备ID、终端设备网络IP等信息脱敏。不同行业的个人数据脱敏具有不同着眼点和侧重点。以《广东省健康医疗数据脱敏技术规范》（T/GZBC 36—2020）为例，其就医疗保健敏感数据的详细条目进行列举，提出数据脱敏场景确定、脱敏策略实施等方面的指导意见。类似个人数据脱敏标准的策划或落实，为其他行业开展行业数据脱敏准则的制定工作提供了有效借鉴。

（二）公共数据流通与数据脱敏

在数据市场中，交易的数据标的类型除了个人数据之外，另一类重要的交易数据类型是公共数据。① 一旦发生泄露、篡改、丢失或滥用后的影响对象越多、影响程度越大、影响范围越广的公共数据，其开放共享则越受限制（影响规模的定义见表 7-4）。目前，至少已有贵州省、重庆市、武汉市、上海市、浙江省、河北省、北京市等七个省市出台了数据分类分级开放共享的相关指南及规范。当前诸多地方政府已经建立起自己的公共数据分类分级准则、相对应的开放流通标准、数据流通过程中的脱敏政策，如北京市《政务数据分级与安全保护规范》规定，一级公共数据无条件开放共享，二级、三级公共数据有条件开放共享，四级公共数据则不予共享（公共数据分级结果如表 7-5 所示）。再如，《上海市公共数据开放暂行办法》对此进行了相关细致的规定②，

---

① 数据交易类型中除了个人数据之外，还有另一种重要的数据类型——公共数据。公共数据，即公共管理和服务机构在依法履职过程中产生、采集和制作的，以一定形式记录、保存的各类数据资源。参见《重庆市公共数据分类分级指南（试行）》，http://www.cq.gov.cn/ywdt/zwhd/bmdt/202110/t20211019_9820204.html。

② 根据《上海市公共数据开放暂行办法》规定，"对涉及商业秘密、个人隐私，或者法律法规规定不得开放的公共数据，列入非开放类；对数据安全和处理能力要求较高、时效性较强或者需要持续获取的公共数据，列入有条件开放类；其他公共数据列入无条件开放类。非开放类公共数据依法进行脱密、脱敏处理，或者相关权利人同意开放的，可以列入无条件开放类或者有条件开放类"。

对于数据的开放登记分类的内容界定和开放程度予以了详尽说明（针对不同级别的数据使用反馈要求如表7-6所示）。

表7-4　影响规模的定义

影响规模	定义
较小范围	数据发生泄露、篡改、丢失或滥用后，影响规模同时满足以下情形： a）影响党政机关、公共服务机构的数量，不超过1个 b）影响其他机构的数量，不超过3个（含3个） c）影响自然人的数量，不超过50个（含50个）
较大范围	数据发生泄露、篡改、丢失或滥用后，影响规模满足以下情形之一： a）影响党政机关、公共服务机构的数量，超过1个 b）影响其他机构的数量，超过3个 c）影响自然人的数量，超过50个

资料来源：《政务数据分级与安全保护规范》（DB11/T 1918—2021）。

表7-5　公共数据分级结果

数据等级	影响
一级	对党政机关、公共服务机构、其他机构和自然人造成较小范围且强可控的一般影响
	对其他机构和自然人造成较小范围且弱可控的一般影响
	对其他机构造成较大范围且强可控的一般影响
二级	对党政机关、公共服务机构造成较小范围且弱可控的一般影响
	对党政机关、公共服务机构、自然人造成较大范围且强可控的一般影响
	对其他机构、自然人造成较大范围且弱可控的一般影响
	对其他机构、自然人造成较小范围且强可控的严重影响
三级	对党政机关、公共服务机构造成较大范围且弱可控的一般影响
	对党政机关、公共服务机构造成较小范围且强可控的严重影响
	对党政机关、公共服务机构、其他机构、自然人造成较小范围且弱可控的严重影响
	对党政机关、公共服务机构、其他机构、自然人造成较大范围且强可控的严重影响
	对其他机构、自然人造成较大范围且弱可控的严重影响

续表

数据等级	影响
三级	对其他机构造成较小范围且强可控的特别严重影响
四级	对党政机关、公共服务机构造成较大范围且弱可控的严重影响
	对党政机关、公共服务机构、自然人造成特别严重影响
	对其他机构造成较小范围且弱可控的特别严重影响
	对其他机构造成较大范围的特别严重影响

资料来源:《政务数据分级与安全保护规范》(DB11/T 1918—2021)。

表 7-6 数据使用反馈要求

级别	反馈内容
A1	注明数据来源,定期抽查数据使用情况
A2	注明数据来源,实时日志反馈,定期提交利用报告
B1	注明数据来源,定期抽查数据使用情况
C1	注明数据来源,定期抽查数据使用情况
C2	注明数据来源,实时日志反馈,定期提交利用报告

资料来源:《上海市公共数据开放分级分类指南(试行)》,见 https://app.sheitc.sh.gov.cn/zxzjxgzl/684077.htm。

目前,与公共数据开放共享实施标准紧密相关的国家标准已经制定并实施[1],其从共享数据交换安全要求方面对共享数据提供方和使用方都作出了明确的数据脱敏规定。比如,对于共享数据提供方,在数据的导出和分享过程中,必须对敏感数据采取有效可行的数据脱敏安全策略并根据策略实施脱敏;根据应用和实际需要留存备份原始数据的内容、格式、属性及关联;在脱敏过程中应对具体的操作过程进行详细记录,应包括但不限于操作人、操作时间、脱敏对象、脱敏策

---

[1] 与公共数据开放共享相关的国家标准《信息安全技术 政务信息共享 数据安全技术要求》(GB/T 39477—2020)于 2020 年 11 月 19 日发布,并于 2021 年 6 月 1 日公布实施。

略和脱敏效果评估等。①

第四节　数据市场的交易价格发现

一、基于数据特征和数据产品的数据市场价格发现

数据的市场价格发现过程需要从数据的要素特征出发，通过区分数据的信息性价值、知识性价值，尝试为数据要素提供定价的方法。这主要是因为数据既是数字经济时代关键资源和创新要素，其交易流转又是促进其生产性价值释放和商业性价值挖掘的首要关键环节。在这种背景下，如何科学合理地进行数据要素的市场价格发现已成为需要解决的关键问题。

对于企业而言，数据作为数字经济时代的创新性生产要素，既可以为其提供生产运营和组织管理过程中的效益风险等内部事实，也为企业提供感知环境变化和外部信息流通的功效，以上这些均构成数据的信息性价值。在体现数据要素信息性价值的交易场景下，主要数据产品的外在表现形式是数据 API 和汇编性数据。屈阳（2023）利用抓取京东万象数据 API 商城的交易数据进行回归分析后发现，能够反映数据要素所蕴含的信息性价值的市场价格高低，会受到数据要素本身相关关系性特征的重大影响，比如隐私级别、数据来源、数据质

---

① 对于共享数据使用方在共享数据处理过程中，"应根据不用的业务、应用、部门等采用不同的数据脱敏方式对数据处理过程中产生的敏感数据进行数据脱敏；应实现动态适配不同数据类型的数据脱敏机制；应建立对敏感数据脱敏有效的评价机制，实现脱敏效果量化管理"。

量等。

此外，对于企业而言，数据的另一种重要价值体现在能够促进企业生产新知识，帮助企业加速新技术、新产品、新模式的产生与应用，从而实现企业的创新性价值。当前在数据市场上，对于具有知识性价值的数据要素的权属保护主要通过界定和明确数据知识产权权属的方式进行。根据数据知识产权是否包含涉密内容为分类标准，可以区分为包含商业秘密的数据知识、不含商业秘密的数据知识。因此，围绕数据要素的特征进行价格市场发现的过程，实质上就是围绕数据要素其蕴含的信息性价值和知识性价值进行市场化定价的过程。

1. 协议定价机制。数据交易所的价格发现机制不同于证券交易所中的竞价交易制度，即数据要素市场价格发现过程不宜使用拍卖出价高者得。这主要是因为数据要素的特质和数据产品价值与其使用场景密切相关，因此难以将其作为标准商品从而进行价值评估和集中定价。理论分析和实践证明，数据的市场价格发现过程，目前多采用讨价还价即协议定价机制。从经济学意义上来说，讨价还价即是指市场上博弈相关方就某一个标的进行一轮或多轮谈判达成协议的过程。讨价还价的价格发现机制一般多适用于复杂市场环境下确定数据产品的最终价格，最后得到的交易结果和价格水平则是合作博弈的最终均衡状态。在数据市场上，数据的供给方、需求方围绕数据标的进行讨价还价而协商定价的博弈过程，其实就是针对标的的市场商业价值、要素经济价值的利益协商分配过程（江东等，2023）。讨价还价的市场价格发现手段在实践中常被应用于资源分配，在数字化时代常被应用于局域贷款、传感器网络和频谱分配等，如今正越来越多地应用于数据市场交易。

差分隐私在数据定价或市场价格发现过程中也很重要。在数据市场买卖双方讨价还价的协商定价以及价格发现的基础上，Jung 等（2019）在个人数据市场上提出了一个较为公平的价格商定框架，在该框架中各相关市场主体使用差分隐私来确定个人隐私的暴露程度，确立每暴露一单位的隐私所对应的价格水平，在框架中允许个人根据自己对隐私暴露的容忍程度、数据消费者根据个人对于该数据的需求迫切程度、数据精准度预期以及预算充足度等，在数据市场中的交易平台上进行讨价还价，在经过若干轮博弈后确定最终成交价格。

　　2. 斯塔克伯格（Stackelberg）博弈机制。由于建立在数据资产评估基础上的、基于博弈论原理的数据交易价格发现方法重点考虑的是市场参与主体的出价决策以及买卖双方互动行为对于成交价格的影响，且非合作博弈存在纳什均衡难以计算的缺点（江东等，2023），这使得在数据市场成立之初数据交易的价格发现以讨价还价为主。然而，伴随着数据市场发展进化程度的提高，借由数据交易所存档的历史交易价格水平信息，斯塔克伯格博弈机制成为讨价还价博弈后数据交易中最常用的价格发现方法。在实践过程中，往往是由一个参与主体（被称为"领导者"，既可以是数据买方，也可以是数据卖方）根据历史价格信息先行发布自己的价格策略，另一个参与主体（被称为"追随者"）根据领导者发出的价格信息和策略作出相对应的策略选择并进行优化，从而作出对自身最优化的价格策略。其中，最具有代表性的是两阶段斯塔克伯格博弈模型，该模型旨在解决数据市场中数据平台和数据消费者之间的数据交易价格发现问题。模型假定数据市场中存在多个数据拥有者提供数据、一个数据平台和一个数据消费者购买数据，数据平台可以获得所有交易参与人的相关信息（Liu et al.，2019）。在第一阶段，数据拥有者按照自己的估值为数据设置初始出售价格，同时，数据消费者可以得到数据平台作为领导者所公布的价格策略。在第二阶段，数据消费者根据领导者所公布的策略，选择适当策略作为自己的购买决策。两阶段完成后，数据平台根据数据拥有者的服务质量和数据消费者的购买意愿来决定哪位数据拥有者胜出，并由该名数据拥有者与数据消费者进行交易。

二、数据价格发现面临的主要挑战及其改进方向

在数据市场中，数据的价格发现属于数字经济时代的创新命题。因此，尽管当前对于相关问题的研究和讨论暂未形成较为统一的意见和构想，但是已经在若干方面形成较为广泛接受的共识，这是不争的事实。经过研究和实践总结，数据市场中价格发现主要面临以下挑战和问题。

（一）成熟的数据定价理论框架的缺位

在商品市场上，不同的买卖主体针对标准化的商品和服务尚且存在着不同预期和评价的冲突，更遑论产品要素特质、产品质量标准和场景化应用程度等异质性高的数据。正因为如此，单一指标、有限手段的数据定价方法存在局限性，同时也难以满足各相关方的利益诉求，而能够行之有效的、统一综合的数据要素价值评估体系尚未成形、更未确立。[①] 比如，当前数据市场的价格发现手段多采用静态定价机制，但是数据具有时效性、变动性和衍生性，并且其应用场景也往往在不断发生变化，这就使得数据市场价格水平会随之变动。在这

[①] 该价值评价体系应该以数据质量为基础，结合数据消费者和数据平台在整合数据产品上的花费，考虑数据消费者的效用指标，还要以历史成交价格为参照，综合评估其他能够影响数据价格的因素，构建出统一的、可解释的、客观的数据价值评价体系。

种情况下，开发数据价格与时间的函数关系模型，捕捉和监测数据内容和数据价格的变化方向，探索动态的数据市场价格发现机制就显得非常必要了。

（二）数据交易机制急需进一步完善

数据市场的价格发现过程其实是数据交易的一个互补和显化的过程，数据价格与数据交易时的市场类型、机制设计和参与主体等多方面有着千丝万缕的关系。当前数据市场确立刚刚起步，相应的数据交易机制发展尚未成熟，这在一定程度上也影响到数据价格的市场发现，从而在一定程度上抑制了数据拥有者的开发意愿、数据持有者的出售意愿和数据消费者的购买意愿。这就需要市场主体和相关监管者尤为注意以下几个方面：

第一，在数据市场交易时，无论是采取讨价还价的价格发现手段，还是建立在先前价格信息基础上的斯塔克伯格博弈机制，均会涉及数据的公开和检视，这就增加了数据供给者的交易风险。首先，数据产品具有先验性特质，即数据产品一经公开后便失去了交易的价值；其次，一旦公开后所有者无有效的手段来阻止其被不法分子低成本复制、无止境倒卖；最后，数据本身往往就包含隐私成分和敏感信息，在价格发现过程中的公开容易引致潜在或次生风险。因此，在数据交易价格发现时就需要前置相应的隐私和版权保护机制，通过制定隐私版权保护规则，如缴纳保证金、设置审查规范和惩罚措施等制度方法，以及通过运用创新技术，如数据脱敏、数据加密等技术方法对数据进行保护和风险规避。

第二，数据市场中公平、公正和真实的交易环境对于数据价格发现至关重要，因为合理完善且公正的市场环境能够确保价格信息对于

数据资产化

每一个交易主体而言是公平的。唯有这样才能够保证数据要素、商品信息和价格水平等能够顺畅、合理和有效地流通，确保数据的市场价格发现水平是最有效率的，并保证交易环境的真实性。

第三，数据市场交易主要细节和内容记录存档及其信息查阅反馈机制同样重要。数据市场中数据交易所必备的一个功能就是为每次成交或未成交的数据交易建立存档备案，其中的主要信息包括数据类型、数据容量、成交价格、应用场景和用户类型等。这些信息一方面可以为后续的改进提供依据和便利，另一方面在数据价格发现中也能起到先验信息和决策依据的作用。

相应的改进方向总结如下：第一，高效、公平、完善的数据市场建设离不开统一、合理、公正的数据市场交易规则，同样也离不开先进、有效、成熟的市场化交易模式。有鉴于此，要加快立法构建统一的数据交易流转贸易市场规则制度，鼓励将成熟完善高效的商业试点经验发扬光大，为推进和实践大数据交易立法建设奠定基础，为数据市场价格发现打开思路。此外，在形成完善的市场交易和规则制度体系前，应该在监管体系架构和制度规则上探索先行，为数据交易和价格发现等市场行为提供规制和监督。

第二，数据的资产价值评估、数据的商业价值度量和数据的市场价格发现等均需要构建一个完整、有效、合理的评估指标体系，然而这一过程需要考虑的影响因素和背景信息实在太多，已然超越了传统生产要素定价的手段和方法范畴。在这种背景下，需要借助前沿技术发展和创新技术应用来解决相关的问题和挑战。首先是从数据标准和质量体系出发，结合交易主体的权益运用合宜的评估方法和技术手段进行合理的数据资产价值评估，综合先前的各种相关指标的存档信息进行综合评判，引用数据质量、信息熵和元组来源等作为核心定价要素，通过数据市场中的价格发现进行交易，以期尽最大可能体现数据真正的商业和市场化价值。

第三，对数据价格发现过程中的个人隐私、公共和主权安全的保护。首先，进行相应的立法以保护数据在交易、价格发现和流转等过程中的个人隐私、公共和主权安全，加大对于数据倒卖、数据黑市和恶意刷单等影响数据市场秩序和交易价格发现的行为的打击力度。其次，应用数据脱敏、数据清洗和数据溯源等创新技术进行甄别、预防交易中包含大量个人隐私或者涉及国家主权、公共安全的原始数据，相应处理遵循"原始数据不出域，数据可用不可见"等规则。再次，数据交易双方要在各种场景中约定应当遵循的其他相关义务、数据使用特殊约定及其应用场景用途等细则。最后，在技术层面研究隐私保护，在价格发现时应用差分隐私等手段，确保数据的价格发现过程合法、合规和安全。

参 考 文 献

一、中文著作

连玉明主编：《数权法 1.0》，社会科学文献出版社 2018 年版。

叶雅珍、朱杨勇：《数据资产》，人民邮电出版社 2021 年版。

俞明轩、王逸玮：《资产评估》，中国人民大学出版社 2017 年版。

中国电子技术标准化研究院：《数据资产评估指南》，电子工业出版社 2022 年版。

中华人民共和国财政部：《企业会计准则——应用指南》，立信出版社 2023 年版。

朱扬勇、熊赟：《数据学》，复旦大学出版社 2009 年版。

二、中文文献

崔国斌：《大数据有限排他权的基础理论》，《法学研究》2019 年第 5 期。

戴炳荣、闭珊珊、杨琳等：《数据资产标准研究进展与建议》，《大数据》2020 年第 3 期。

戴昕：《数据界权的关系进路》，《中外法学》2021 年第 6 期。

高昂、彭云峰、王思睿：《数据资产价值评价标准化研究》，《中国标准化》2021 年第 9 期。

黄京磊、李金璞、汤珂：《数据信托：可信的数据流通模式》，《大数据》2023 年第 2 期。

黄丽华、杜万里、吴蔽余：《基于数据要素流通价值链的数据产权结构性分置》，《大数据》2023 年第 2 期。

黄丽华、郭梦珂、邵志清等：《关于构建全国统一的数据资产登记体系的思考》，《中国科学院院刊》2022 年第 10 期。

黄世忠：《旧标尺衡量不了新经济——论会计信息相关性的恶化与救赎》，《当代会计评论》2018 年第 4 期。

江东、袁野、张小伟等：《数据定价与交易研究综述》，《软件学报》2023 年第 3 期。

李爱君：《论数据权利归属与取得》，《西北工业大学学报（社会科学版）》2020 年第 1 期。

李原、刘洋、李宝瑜：《数据资产核算若干理论问题辨析》，《统计研究》2022 年第 9 期。

梁文、刘夫新、崔梦枭等：《基于数据资产的数据质量评估模型研究及应用》，《电脑知识与技术》2016 年第 30 期。

林晚发、赵仲匡、宋敏：《管理层讨论与分析的语调操纵及其债券市场反应》，《管理世界》2022 年第 1 期。

刘炼箴：《民法典"数据与网络虚拟财产"条款研究》，《上海法学研究》2020 年第 1 期。

龙卫球：《再论企业数据保护的财产权化路径》，《东方法学》2018 年第 3 期。

陆岷峰、欧阳文杰：《数据要素市场化与数据资产估值与定价的体制机制研究》，《新疆社会科学》2021 年第 1 期。

罗玫、李金璞、汤珂：《企业数据资产化：会计确认与价值评估》，《清华大学学报（哲学社会科学版）》，2023 年。

罗玫：《加密数字货币的会计确认和税务实践》，《会计研究》2019 年第 12 期。

梅夏英：《数据的法律属性及其民法定位》，《中国社会科学》2016 年第 9 期。

欧阳日辉、杜青青：《公共开放数据的"数据赋智"估值模型及应用》，《西安交通大学学报（社会科学版）》2023 年第 2 期。

欧阳日辉、龚伟：《基于价值和市场评价贡献的数据要素定价机制》，《改革》2022 年第 3 期。

秦荣生：《企业数据资产的确认、计量与报告研究》，《会计与经济研究》2020 年第 6 期。

屈阳：《数据要素的特征定价》，清华大学硕士学位论文，2023 年。

申卫星：《论数据用益权》，《中国社会科学》2020 年第 11 期。

孙俐丽、袁勤俭：《数据资产管理视域下电子商务数据质量评价指标体系研究》,《现代情报》2019 年第 11 期。

孙永尧、杨家钰:《数据资产会计问题研究》,《会计之友》2022 年第 16 期。

王利明:《论数据权益:以"权利束"为视角》,《政治与法律》2022 年第 7 期。

王鹏程:《无形资产会计准则面临的重大挑战与改革方案展望(上)》,《中国注册会计师》2022 年第 2 期。

王鹏程:《无形资产会计准则面临的重大挑战与改革方案展望(下)》,《中国注册会计师》2022 年第 6 期。

夏金超、薛晓东、王凌等:《数据价值基本特性与评估量化机制分析》,《文献与数据学报》2021 年第 1 期。

熊巧琴、汤珂:《数据要素的界权、交易和定价研究进展》,《经济学动态》2021 年第 2 期。

许宪春、张钟文、胡亚茹:《数据资产统计与核算问题研究》,《管理世界》2022 年第 2 期。

闫华红、闫佳睿:《软件企业研发费用会计处理:问题与对策》,《财会月刊》2022 年第 18 期。

叶雅珍、朱扬勇:《数商:数据商品、数据商人和数据商业》,《大数据》2023 年第 1 期。

尹传儒、金涛、张鹏等:《数据资产价值评估与定价:研究综述和展望》,《大数据》2021 年第 4 期。

尤建新、徐涛:《基于多准则决策方法的数据资产质量评价模型》,《同济大学学报(自然科学版)》2021 年第 4 期。

于玉林:《宏观视角下无形资产的创新与发展研究》,《会计与经济研究》2016 年第 2 期。

张俊瑞、危雁麟、宋晓悦:《企业数据资产的会计处理及信息列报研究》,《会计与经济研究》2022 年第 3 期。

张俊瑞、危雁麟:《数据资产会计:概念解析与财务报表列报》,《财会月刊》2021 年第 23 期。

周华、戴德明:《会计确认概念再研究——对若干会计基本概念的反思》,《会计研究》2015 年第 7 期。

朱扬勇、叶雅珍:《从数据的属性看数据资产》,《大数据》2018 年第 6 期。

左文进、刘丽君：《大数据资产估价方法研究——基于资产评估方法比较选择的分析》，《价格理论与实践》2019 年第 8 期。

德勤咨询、阿里研究院：《数据资产化之路：数据资产的估值与行业实践》，2019 年。

杭州国际数字交易联盟：《数据资产价值实现研究报告》，2023 年。

瞭望智库、中国光大银行：《商业银行数据资产估值白皮书》，2021 年。

普华永道：《开放数据资产估值白皮书》，2021 年。

上海市数商协会、上海数据交易所有限公司、复旦大学、数库（上海）科技有限公司：《全国数商产业发展报告（2022）》，2022 年。

中国信息通信研究院：《数据资产化：数据资产确认与会计计量研究报告（2020 年）》，2020 年。

三、外文文献

Ackoff, R. L., "Management Misinformation Systems", *Management Science*, 14 (4), 1967.

Akred, J., Samani, A., "Your Data is Worth More Than You Think", *MIT Sloan Management Review*, 2018.

Azcoitia, S. A., Laoutaris, N., "A Survey of Data Marketplaces and Their Business Models", *ACM SIGMOD Record*, 51 (3), 2022.

Blair, M. M., Wallman, S. M. (Eds.), *Unseen Wealth: Report of the Brookings Task Force on Intangibles*, Brookings Institution Press, 2000.

Bughin, J. et al., "The Age of Analytics: Competing in a Data-driven World", *McKinsey Global Institute Research*, 2016.

Cleveland, H., "Information As a Resource", *Futurist*, 16 (6), 1982.

Davis, A. K., Tama-Sweet, I., "Managers' Use of Language Across Alternative Disclosure Outlets: Earnings Press Releases Versus MD&A", *Contemporary Accounting Research*, 29 (3), 2012.

Drucker, P., "The Economy's Power Shift", *Wall Street Journal*, 09 (24), 1992.

Elsaify, M., Hasan, S., "Some Data on the Market for Data", *Available at SSRN 3568817*, 2020.

Farboodi, M., Veldkamp, L., "A Model of the Data Economy", *NBER Working Paper*, w28427, 2021.

Farboodi, M., Mihet, R., Philippon, T., Veldkamp, L., "Big Data and Firm Dynamics", *AEA Papers and Proceedings*, 109, 2019.

Feltham, G. A., "The Value of Information", *The Accounting Review*, 43 (4), 1968.

Fisher, T., *The Data Asset: How Smart Companies Govern Their Data for Business Success* (1st edition), Wiley, 2009.

Fleckenstein, M., Obaidi, A., Tryfona, N., "A Review of Data Valuation Approaches and Building and Scoring a Data Valuation Model", *Harvard Data Science Review*, 5 (1), 2023.

Gartner, Why and How to Measure the Value of Your Information Assets, 2015.

Genders, R., Steen, A., "Financial and Estate Planning in the Age of Digital Assets: A Challenge for Advisors and Administrators", *Financial Planning Research Journal*, 3 (1), 2017.

Glazer, R., "Marketing in an Information-Intensive Environment: Strategic Implications of Knowledge as an Asset", *Journal of Marketing*, 55 (4), 1991.

Govindarajan, V., Rajgopal, S., Srivastava, A., "Why We Need to Update Financial Reporting for the Digital Era", *Harvard Business Review*, 8, 2018.

Gu, Y., Madio, L., Reggiani, C., "Data Brokers Co-opetition", *Oxford Economic Papers*, 74 (3), 2022.

Rezaei, J., "Best-worst Multi-criteria Decision-making Method", *Omega*, 53, 2015.

Jones, C. I., Romer, P. M., "The New Kaldor Facts: Ideas, Institutions, Population, and Human Capital", *American Economic Journal: Macroeconomics*, 2 (1), 2010.

Jones, C. I., Tonetti, C., "Nonrivalry and the Economics of Data", *American Economic Review*, 110 (9), 2020.

Jung, K., Park, S., "Privacy Bargaining with Fairness: Privacy-Price Negotiation

System for Applying Differential Privacy in Data Market Environments", In *2019 IEEE International Conference on Big Data (Big Data)*, IEEE, 2019.

Lev, B., "New Accounting for the New Economy", *New York: Stern School of Business*, 2000.

Lev, B., Gu, F., *The End of Accounting and the Path Forward for Investors and Managers*, John Wiley & Sons, 2016.

Lev, B., Zarowin, P., "The Boundaries of Financial Reporting and How to Extend Them", *Journal of Accounting research*, 37 (2), 1999.

Liu, K., Qiu, X., Chen, W., Chen, X., Zheng, Z., "Optimal Pricing Mechanism for Data Market in Blockchain-enhanced Internet of Things", *IEEE Internet of Things Journal*, 6 (6), 2019.

Luo, M., Yu, S., "Financial Reporting for Cryptocurrency", *Review of Accounting Studies*, 2022.

Ma, S., Zhang, W., "How to Improve IFRS for Intangible Assets? A Milestone Approach", *China Journal of Accounting Research*, 100289, 2023.

Mayew, W. J., Sethuraman, M., Venkatachalam, M., "MD&A Disclosure and the Firm's Ability to Continue as a Going Concern", *The Accounting Review*, 90 (4), 2015.

Mayer-Schönberger, V., Cukier, K., *Big Data: A Revolution that Will Transform How We Live, Work, and Think*, Houghton Mifflin Harcourt, 2013.

Meyer, H., "Tips for Safeguarding Your Digital Assets", *Computers & Security*, 15 (7), 1996.

Moody, D. L., Walsh, P., Measuring the Value of Information-An Asset Valuation Approach, In *ECIS*, 1999.

Niekerk, A. V., "A Methodological Approach to Modern Digital Asset Management: An Empirical Study", *International Academy for Case Studies*, 13 (1), 2006.

Nissenbaum, H., "Privacy in Context", In *Privacy in Context*, Stanford University Press, 2009.

Pei, J., "A Survey on Data Pricing: From Economics to Data Science", *IEEE*

Transactions on Knowledge and Data Engineering, 34（10），2022.

Reinsel, D., Gantz, J., Rydning, J.，The Digitization of the World from Edge to Core，*IDC White Paper*，2018.

Repo, A. J.，"The Dual Approach to the Value of Information: An Appraisal of Use and Exchange Values"，*Information Processing & Management*，22（5），1986.

Spiekermann, S., Acquisti, A., Böhme, R., Hui, K.L.，"The Challenges of Personal Data Markets and Privacy"，*Electronic Markets*, 25（2），2015.

Stephenson, B. Y.，"Managing Information as a Corporate Asset"，*Journal of Information Systems Management*, 4（3），1987.

Stigler, G. J.，"The Economics of Information"，*Journal of Political Economy*, 69（3），1961.

Toygar, A., Rohm, C. E., Zhu, J.，"A New Asset Type: Digital Assets"，*Journal of International Technology and Information Management*, 22（4），2013.

Tuomi, I.，"Data Is More than Knowledge: Implications of the Reversed Knowledge Hierarchy for Knowledge Management and Organizational Memory"，*Journal of Management Information Systems*, 16（3），1999.

Veldkamp, L., Chung, C.，"Data and the Aggregate Economy"，In *Preparation for the Journal of Economic Literature*，2019.

Viscusi, G., Batini, C.，"Digital Information Asset Evaluation: Characteristics and Dimensions"，In *Smart Organizations and Smart Artifacts: Fostering Interaction Between People, Technologies and Processes*（pp.77–86），Springer International Publishing，2014.

责任编辑：陈百万
封面设计：林芝玉
版式设计：严淑芬

图书在版编目（CIP）数据

数据资产化 / 汤珂 主编 . — 北京：人民出版社，2023.8（2024.2 重印）
ISBN 978－7－01－025804－1

I.①数…　II.①汤…　III.①数据处理－研究　IV.① TP274

中国国家版本馆 CIP 数据核字（2023）第 125869 号

数据资产化

SHUJU ZICHANHUA

汤 珂　主编

人民出版社 出版发行
（100706　北京市东城区隆福寺街 99 号）

北京中科印刷有限公司印刷　新华书店经销

2023 年 8 月第 1 版　2024 年 2 月北京第 4 次印刷
开本：710 毫米 ×1000 毫米 1/16　印张：13.75
字数：165 千字

ISBN 978－7－01－025804－1　定价：59.00 元

邮购地址 100706　北京市东城区隆福寺街 99 号
人民东方图书销售中心　电话（010）65250042　65289539